高等职业教育建筑类教材

# Case analysis of construction project management

# 建筑工程管理案例分析

主 编 杨树峰 周恩海 | 主 审 姜新春 杨也容

参编人员（按姓氏笔画排序）

| 白玉堂 | 边海波 | 刘俊明 | 吕长涛 |
| 杨 哲 | 欧居明 | 胡先国 | 战蒙玲 |
| 魏 震 | 谢三树 | 曾友云 | 董顺义 |

U0229942

重庆大学出版社

## 内容提要

本教材是校企合作开发的教材。内容包括:案例教学法,以及工程管理相关的案例。其中案例包括建筑工程招投标案例,建筑工程质量控制案例,建筑工程安全管理案例,建筑工程进度控制案例,建筑工程合同管理案例,建筑工程投资控制案例,其他综合工程管理案例以及实际工程管理中的经验教训。为了方便教学及学习,每个案例均配有参考答案。

本教材可作为建筑工程管理专业的教学用书,也可作为建筑工程管理从业人员的参考书。

**图书在版编目(CIP)数据**

建筑工程管理案例分析/ 杨树峰,周恩海主编.—重庆:
重庆大学出版社,2013.8
高等职业教育建筑类教材
ISBN 978-7-5624-7438-8

Ⅰ.①建…　Ⅱ.①杨…②周…　Ⅲ.①建筑工程—施工管理—
案例—高等职业教育—教材　Ⅳ.①TU71

中国版本图书馆 CIP 数据核字(2013)第 123830 号

高等职业教育建筑类教材
建筑工程管理案例分析
主 编 杨树峰 周恩海
主 审 姜新春 杨也容
策划编辑:林青山 王 伟

责任编辑:李定群 邓桂华　版式设计:王 伟
责任校对:刘 真　　　　　责任印制:赵 晟
\*
重庆大学出版社出版发行
出版人:邓晓益
社址:重庆市沙坪坝区大学城西路 21 号
邮编:401331
电话:(023) 88617190　88617185(中小学)
传真:(023) 88617186　88617166
网址:http://www.cqup.com.cn
邮箱:fxk@cqup.com.cn(营销中心)
全国新华书店经销
重庆川外印务有限公司印刷
\*
开本:787×1092　1/16　印张:9.5　字数:237 千
2013 年 8 月第 1 版　2013 年 8 月第 1 次印刷
印数:1—3 000
ISBN 978-7-5624-7438-8　定价:22.00 元

# 前　言

　　《建筑工程管理案例分析》是依据高职高专建筑工程管理专业的人才培养方案和课程建设的基本要求进行设计和编写的,是校企合作开发的教材,适合作为工程管理专业的教学辅助教材,也可作为建筑工程管理从业人员的参考书。

　　作者本着高职高专特色,依据高职高专建筑工程管理专业人才培养方案及课程建设的基本要求,结合工程实际,采用案例教学法,引导学生掌握知识,培养解决实际问题的能力,达到人才培养的目标。教材贯彻高等职业教育改革精神,突出职业教育特点,突出实践性、实用性、指导性,力求做到案例典型、覆盖管理面广,叙述简练通俗,多应用、多结论,案例引导启发学生自主学习,培养独立或集体解决问题的能力。

　　本教材按照工程管理的目标不同,分成8个模块,其中7个模块均附有一定数量的案例及参考答案。最后1个模块是工程管理实际中的一些经验教训。

　　本教材由杨树峰、周恩海主编,姜新春、杨也容主审。广州城建职业学院战蒙玲、刘俊明、谢三树、曾友云、胡先国、魏震参编,其中企业参加教材编写的有:广州佛山顺水工程建设监理公司白玉堂(质量、进度控制)、吕长涛(投资及合同管理),广州建科设计院监理公司欧居明(合同管理),中国水利水电第六工程局边海波、杨哲(安全管理),国基建设集体有限公司广州分公司董顺义(招投标)。

　　本教材在编写过程中得到了企业的大力支持,提供了大量的素材,在此一并致谢。

　　由于编者水平有限,书中难免存在错误和缺陷,恩请广大读者批评指正。

编　者

2013 年 3 月

# 目 录

# 案例教学法

案例教学法是一种以案例为基础的教学法(Case-based Teaching),案例本质上是提出一种教育的两难情境,没有特定的解决之道,而教师于教学中扮演着设计者和激励者的角色,鼓励学生积极参与讨论,不像传统的教学方法,教师仅仅是一位很有学问的人,扮演着传授知识的角色。

## 一、案例教学法的起源

案例教学法起源于20世纪20年代,由美国哈佛商学院(Harvard Business School)所倡导,当时是采取一种很独特的案例形式的教学,这些案例都是来自于商业管理的真实情境或事件,透过此种方式,有助于培养和发展学生主动参与课堂讨论,实施后,颇具成效。这种案例教学法到了20世纪80年代,才受到师资培育的重视,尤其是在1986年美国卡内基小组(Carnegie Task Force)提出《准备就绪的国家:二十一世纪的教师》(*A Nation Prepared:Teachers for the 21st Century*)的报告书中,特别推荐案例教学法在师资培育课程的价值,并将其视为一种相当有效的教学模式,而国内教育界开始探究案例教学法,则是20世纪90年代以后的事了。

## 二、案例教学法的适用范围

案例教学方法有一个基本的假设前提,即学员能够通过对这些过程的研究与发现来进行学习,在必要的时候回忆并应用这些知识与技能。案例教学法非常适合于开发分析、综合及评估能力等高级智力技能。这些技能通常是管理者、医生和其他的专业人员所必需的案例,还可使受训者在个人对情况进行分析的基础上提高承担具有不确定结果风险的能力。为使案例教学更有效,学习环境必须能为受训者提供案例准备及讨论案例分析结果的机会,必须安排受训者面对面地讨论或通过电子通讯设施进行沟通。但是,学习者必须愿意并且能够分析案例,然后进行沟通并坚持自己的立场,这是由于受训者的参与对案例分析的有效性具有至关重要的影响。

## 三、案例教学法的特色

### 1. 鼓励学员独立思考

传统的教学只告诉学员怎么去做,其内容在实践中可能不实用,且非常乏味无趣,在一定程度上损害了学员的积极性和学习效果。但案例教学没人会告诉你应该怎么办,而是要自己去思考、去创造,使得枯燥乏味变得生动活泼,而且案例教学的稍后阶段,每位学员都要就自己和他人的方案发表见解。通过这种经验的交流,一是可取长补短、促进人际交流能力的提高,二是起到一种激励的效果。一两次技不如人还情有可原,长期落后者,必有奋发向上、超越他人的内动力,从而积极进取、刻苦学习。

### 2. 引导学员变注重知识为注重能力

现在的管理者都知道知识不等于能力,知识应该转化为能力。管理的本身是重实践重效益的,学员一味地通过学习书本的死知识而忽视实际能力的培养,不仅对自身的发展有着巨大的障碍,其所在的企业也不会直接受益。案例教学正是为此而生,为此而发展的。

### 3. 重视双向交流

传统的教学方法是老师讲、学员听,听没听、听懂多少,要到最后的测试时才知道,而且学到的都是死知识。而在案例教学中,学员拿到案例后,先要进行消化,然后查阅各种他认为必要的理论知识,这无形中加深了对知识的理解,而且是主动进行的。捕捉这些理论知识后,他还要经过缜密的思考,提出解决问题的方案,这一步应视为能力上的升华。同时他的答案随时由教师给以引导,这也促使教师加深思考,根据不同学员的不同理解补充新的教学内容。双向的教学形式对教师也提出了更高的要求。

## 四、案例教学法的步骤

### 1. 精选案例

案例是教师在教学实践活动中收集的与课本理论知识有着密切联系的典型人物、事件或热点的问题,是为教学目标和教学内容服务的。

### 2. 展示案例

教师把精选的案例以恰当的方式适时展示给学生,吸引学生的注意力,激发学生探究案例的热情,让学生带着案例问题(或情境)去探讨课本理论知识,为学生学习课本理论知识打开思路的大门。

### 3. 学习理论

学生带着初探案例不能解决的问题对书本的理论知识进行学习,寻找解决案例问题的理论依据。教师可把书本的理论知识问题化、提纲化的罗列给学生,让学生自学解决简单的知识点,记录好个人学习的疑难点,然后让学生同桌或前后桌之间进行互学探讨,加强学生自主学习、参与合作,把疑难理论知识反馈给教师。教师深入学生随时掌握学生自学互学的信息,对学生进行指导和引导,并面向全班学生精讲讨论存在的疑难点及重点的理论知识,为学生解决案例问题(或情境)扫清理论知识的障碍。

### 4. 讨论案例

组织学生对案例进行讨论是案例教学法的关键。学生运用教材中刚学的或者以前学过的理论知识、概念或是其他课外的知识对案例展开讨论。组织案例讨论可分为小组讨论和全班讨论。小组讨论一般4~6人一组,小组讨论时学生相互发表各自的见解,设有小组发言人,记录发言要点、解题思路及小组讨论中存在的疑难点,作好小组发言的准备并积极发言。其他小组提出补充意见或是反对意见,也可从其他方面另行分析。然后学生或教师对案例讨论作总结,针对小组讨论中不能解决的焦点问题在全班讨论或辩论,教师加以引导启发。学生在讨论中互相启迪,从中得到启发教育或产生新的知识,达到以"例"明"理",以"理"释"例",以"例"明"德",以"理"导"行"的目的,在实行智育的同时实施德育,促进学生全面发展。

## 5. 总结点评

教师总结点评是案例教学法的归宿。教师要及时总结评价学生讨论案例的优缺点,分析案例问题的疑难点,有针对性地对案例进行深入的分析。对学生讨论中暴露出来的问题针对性地点拨,教师要教会学生从不同角度、用不同方法来探究解决案例问题,和学生一起总结出最佳的解决问题的方案,教会学生有效地运用所学的知识来解决案例或实际问题。教师在总结点评中要有目的地指导学生对理论知识的运用,让学生能够运用所学的知识解决社会热点、时政焦点及自身实际问题,把学到的理论知识延伸、应用,内化为自己的具体行动。

### 五、案例教学法的要求

#### 1. 讲究真实可信

案例是为教学目标服务的,因此它应该具有典型性,且应该与所对应的理论知识有直接的联系。但它一定是经过深入调查研究,来源于实践,决不可由教师主观臆测,虚构而作。尤其面对有实践经验的学员,一旦被他们发现是假的,虚拟的,于是便以假对假,把角色扮演变成角色游戏,那时锻炼能力就无从谈起了。案例一定要注意真实的细节,让学员犹如进入企业之中,确有身临其境之感。这样学员才能认真地对待案例中的人和事,认真地分析各种数据和错综复杂的案情,才有可能搜寻知识、启迪智慧、训练能力。为此,教师一定要亲身经历,深入实践,采集真实案例。

#### 2. 讲究客观生动

真实固然是前提,但案例不能是一堆事例、数据的罗列。教师要摆脱乏味教科书的编写方式,尽其可能调动些文学手法。如采用场景描写、情节叙述、心理刻画、人物对白等,甚至可以加些议论,边议边叙,作用是加重气氛,提示细节。但这些议论不可暴露案例编写者的意图。更不能由议论而产生导引结论的效果。案例可随带附件,诸如该企业的有关规章制度、文件决议、合同摘要等,还可以有报表、台账、照片、曲线、资料、图纸、当事人档案等一些与案例分析有关的图文资料。当然这里所说的生动,是在客观真实基础上的,旨在引发学员兴趣的描写,应更多地体现在形象和细节的具体描写上。这与文学上的生动并非一回事,生动与具体要服从于教学的目的,舍此即为喧宾夺主了。

#### 3. 讲究案例的多样化

案例应该只有情况没有结果,有激烈的矛盾冲突,没有处理办法和结论。后面未完成的部分,应该由学员去决策、去处理,而且不同的办法会产生不同的结果。假设一眼便可望穿,或只有一好一坏两种结局,这样的案例就不会引起争论,学员会失去兴趣。从这个意义上讲,案例的结果越复杂,越多样性,越有价值。

### 六、案例教学法的评价

#### 1. 案例教学法的优点

①能够实现教学相长。教学中,教师不仅是教师而且也是学员。一方面,教师是整个教学

的主导者,掌握着教学进程,引导学员思考、组织讨论研究,进行总结、归纳;另一方面,在教学中通过共同研讨,不但可以发现自己的弱点,而且从学员那里可以了解到大量感性材料。

②能够调动学员学习主动性。教学中,由于不断变换教学形式,学员大脑兴奋不断转移,注意力能够得到及时调节,有利于学员精神始终维持最佳状态。

③生动具体、直观易学。案例教学的最大特点是它的真实性,由于教学内容是具体的实例,加之采用的是形象、直观、生动的形式,给人以身临其境之感,易于学习和理解。

④能够集思广益。教师在课堂上不是"独唱",而是和大家一起讨论思考,学员在课堂上也不是忙于记笔记,而是共同探讨问题。由于调动集体的智慧和力量,容易开阔思路,收到良好的效果。

### 2. 案例教学法的不足之处

①案例的来源往往不能满足培训的需要。研究和编制一个好的案例,至少需要两三个月的时间。同时,编写一个有效的案例需要有技能和经验。因此,案例可能不适合现实情况的需要。这是阻碍案例法推广和普及的一个主要原因。

②案例法需要较多的培训时间,对教师和学员的要求也比较高。

### 3. 运用案例教学法应注意的问题

①案例讨论中尽量摒弃主观臆想的成分,教师要掌握会场,引导讨论方向,要十分注意培养能力,不要走过场,摆花架子。

②案例教学耗时较多,因而案例选择要精当,开始时组织案例教学要适度,办一次就办好一次,办出信誉来,不要一办就滥。自己砸自己的牌子。

③高职高专学生一般都没有实践经验,为避免讨论不起来,一定要有理论知识做底衬,即案例教学一定要在理论学习的基础上进行。

# 模块 1　建筑工程招投标案例

**【学习要点】**

学生应掌握以下招投标基础理论知识：

①招投标的法律依据,《招标投标法》《招标投标实施条例》。

②招投标程序及要求。

③招投标各方及中介方工作内容,职责分工。

**【知识讲解】**

## 1.招投标定义

招投标,是招标投标的简称。招标和投标是一种商品交易行为,是交易过程的两个方面。招标投标是一种国际惯例,是商品经济高度发展的产物,是应用技术、经济的方法和市场经济的竞争机制的作用,有组织开展的一种择优成交的方式。这种方式是在货物、工程和服务的采购行为中,招标人通过事先公布的采购和要求,吸引众多的投标人按照同等条件进行平等竞争,按照规定程序并组织技术、经济和法律等方面专家对众多的投标人进行综合评审,从中择优选定项目中标人的行为过程。其实质是以较低的价格获得最优的货物、工程或服务。

## 2.招投标形式

招投标有公开招投标和邀请招投标两种形式。

公开招投标,又称无限竞争性招标,是指招标人以招标公告的方式邀请不特定的法人或者其他组织投标。公开招标的投标人不少于 3 家,否则就失去了竞争意义。

邀请招投标,又称有限竞争性招标,是指招标人以投标邀请书的方式邀请特定的法人或者其他组织投标。邀请招标的投标人不少于 3 家。

我国在建筑领域实践中还有一种较为广泛的招标方式,被称为"议标",是发包人和承包商之间通过一对一谈判而最终达到目的的一种方式。

## 3.招投标原则

《招标投标法》第 5 条规定:"招标投标活动应当遵循公开、公平、公正和诚实信用的原则。"

1)公开原则

公开原则,首先要求招标信息公开。例如,《招标投标法》规定,依法必须进行招标的项目的招标公告,应当通过国家指定的报刊、信息网络或者其他媒介发布。无论是招标公告、资格预审公告还是投标邀请书,都应当载明招标人的名称和地址、招标项目的性质、数量、实施地点和时间以及获取招标文件的办法等事项。另外,公开原则还要求招标投标过程公开。例如,《招标投标法》规定开标时招标人应当邀请所有投标人参加,招标人在招标文件要求提交截止时间前收到的所有投标文件,开标时都应当当众予以拆封、宣读。中标人确定后,招标人应当在向中标人发出中标通知书的同时,将中标结果通知所有未中标的投标人。

2)公平原则

公平原则,要求给予所有投标人平等的机会,使其享有同等的权利,履行同等的义务。《招标投标法》第6条明确规定:"依法必须进行招标的项目,其招标投标活动不受地区或者部门的限制,任何单位和个人不得违法限制或者排斥本地区、本系统以外的法人或者其他组织参加投标,不得以任何方式非法干涉招标投标活动。

3)公正原则

公正原则,要求招标人在招标投标活动中应当按照统一的标准衡量每一个投标人的优劣。进行资格审查时,招标人应当按照资格预审文件或招标文件中载明的资格审查的条件、标准和方法对潜在投标人或者投标人进行资格审查,不得改变载明的条件或者以没有载明的资格条件进行资格审查。《招标投标法》还规定评标委员会应当按照招标文件确定的评标标准和方法,对投标文件进行评审和比较。评标委员会成员应当客观、公正地履行职务,遵守职业道德。

4)诚实信用原则

诚实信用原则,是我国民事活动所应当遵循的一项重要基本原则。我国《民法通则》第4条规定:"民事活动应当遵循自愿、平等、等价有偿、诚实信用的原则。"《合同法》第6条也明确规定:"当事人行使权利、履行义务应当遵循诚实信用原则。"招标投标活动作为订立合同的一种特殊方式,同样应当遵循诚实信用原则。例如,在招标过程中,招标人不得发布虚假的招标信息,不得擅自终止招标。在投标过程中,投标人不得以他人名义投标,不得与招标人或其他投标人串通投标。中标通知书发出后,招标人不得擅自改变中标结果,中标人不得擅自放弃中标项目。

### 4. 招投标流程

①招标人(即业主)办理项目审批或备案手续(如需要)。项目审批或备案后,招标人开标项目实施。

②招标工作启动。招标人可以委托招标代理机构进行招标,也可以自行招标(但备案程序较为烦琐),多数为招标代理机构(即招标公司)承担招标工作。

③招标公司协助招标人进行招标策划。即确定:招标进度计划,采购时间,采购技术要求,主要合同条款,投标人资格,采购质量要求等。

④招标公司在招标人配合下,根据招标策划编制招标文件(包括策划内容和招标公告)。

⑤招标人确认后,招标公司发出招标公告(公开招标)或投标邀请(邀请招标)。投标人看到公告或收到邀请后前往招标公司购买招标文件。

⑥获得招标文件后,投标人应研究招标文件和准备投标文件。其间,如有相关问题可与招标公司进行招标文件澄清,必要时招标公司将组织招标项目答疑会。并根据答疑或澄清内容,对全部投标人发布补充文件,作为招标文件的必要组成和修改。

⑦招标公司在开标前组建评标委员会,评标委员会负责评标。评委会组成和评标须符合《评标委员会和评标方法暂行规定》。

⑧招标公司组织招标人、投标人在招标文件规定的时间进行开标。开标包括:招标公司委派的主持人宣布开标纪律→确认和宣读投标情况→宣布招标方有关人员情况→检查投标文件密封情况→唱标(对投标函或投标一览表中的投标人名称/价格/交货期/投标保证金等内容唱标)→完成开标记录并各方签字→开标结束。

⑨评委会审查投标文件进行初步评审、详细评审和澄清(如有必要),最终确定中标人。

⑩招标公司根据评委会意见出具评标报告,招标人根据评标报告确定中标人。

⑪招标公司根据评标报告发出中标、落标通知书。

⑫中标人根据中标通知书,在规定时间内与招标人签订合同。

另外,在第5项可以增加资格预审。即招标公告中增加对投标人资格要求,投标人事先递交资格文件、满足资格条件后,招标公司才将招标文件发售给该投标人。此时的招标公告实际为招标资格预审公告,代替了招标公告的作用。

### 5.必须招标的项目

1)项目范围

根据《招标投标法》第3条规定,在中华人民共和国境内进行下列工程建设项目包括项目的勘察、设计、施工、监理以及与工程建设有关的重要设备、材料等的采购,必须进行招标的有:

①大型基础设施、公用事业等关系社会公共利益、公众安全的项目。

②全部或者部分使用国有资金投资或者国家融资的项目。

③使用国际组织或者外国政府贷款、援助资金的项目。

④《招标投标法》还规定,任何单位和个人不得将依法必须进行招标的项目化整为零或者以其他任何方式规避招标。

(1)国家融资项目的范围

①使用国家发行债券所筹资金的项目。

②使用国家对外借款或者担保所筹资金的项目。

③使用国家政策性贷款的项目。

④国家授权投资主体融资的项目。

⑤国家特许的融资项目。

(2)使用国际组织或者外国政府资金的项目的范围

①使用世界银行、亚洲开发银行等国际组织贷款资金的项目。

②使用外国政府及其机构贷款资金的项目。

③使用国际组织或者外国政府援助资金的项目。

2)规模标准

《工程建设项目招标范围和规模标准规定》中规定的上述各类工程建设项目,包括项目的勘察、设计、施工、监理以及与工程建设有关的重要设备、材料等的采购,达到下列标准之一的,必须进行招标:

①施工单项合同估算价在200万元人民币以上的。

②重要设备、材料等货物的采购,单项合同估算价在100万元人民币以上的。

③勘察、设计、监理等服务的采购,单项合同估算价在50万元人民币以上的。

④单项合同估算价低于第①、②、③项规定的标准,但项目总投资额在 3 000 万元人民币以上的。

## 6. 可不进行招标的项目

《招标投标法》第66条规定:"涉及国家安全、国家秘密、抢险救灾或者属于利用扶贫资金实行以工代赈、需要使用农民工等特殊情况,不适宜招标的项目,按照国家有关规定可以不进行招标。"

《工程建设项目施工招标投标办法》第12条的规定,工程建设项目有下列情形之一的,依法可以不进行施工招标:

①涉及国家安全、国家秘密或者抢险救灾而不适宜招标的。
②属于利用扶贫资金实行以工代赈需要使用农民工的。
③施工主要技术采用特定的专利或者专有技术的。
④施工企业自建自用的工程,且该施工企业资质等级符合工程要求的。
⑤在建工程追加的附属小型工程或者主体加层工程,原中标人仍具备承包能力的。
⑥法律、行政法规规定的其他情形。

## 7. 其他招投标知识

1) 招标书一般包括的内容

标准的国内竞争性招标书的格式是参照世界银行贷款项目的范本的中文版本,它的基本结构是固定的:

◆ 投标须知
◆ 投标人资格
◆ 招标文件
◆ 投标文件
◆ 评标
◆ 授予合同
◆ 合同条款

但在有些地方项目中,招标书的内容只包含这个范本中的部分内容,但其中投标须知、招投标文件、合同条款是必须具备的。

2) 用户对投标文件的要求

◆ 对投标文件的组成做出具体规定:构成内容
◆ 投标文件的编制:格式和顺序
◆ 投标报价的格式:报价表的格式
◆ 投标文件的递交:递交格式,密封形式
◆ 投标文件的费用:费用分担的内容
◆ 投标文件的澄清:关于澄清内容的交流形式
◆ 投标保证金:金额和形式

3）投标保证金

用途：招标方为了确保招标的有效性，在投标时收取各个投标商的信誉保证，同时防止投标后单方面撤销投标形式。

现金支票或银行出具的投标保证金保函金额：不超过投标总价格的2%，最多80万元。

递交：投标时同时出具，否则视同投标无效。

4）标书密封的一般要求

投标报价和投标保证金单独密封，密封处应盖有效印章。

投标书正、副本单独密封，并密封在标书中。

密封条上单独注明项。

参考资料：

《中华人民共和国招标投标法》《中华人民共和国招标投标实施条例》。

## 【案例分析】

### ［案例1］

某国家全额投资的工程项目招标，为抢工期，建设方邀请了两家承包商前来投标。开标时，由公证处人员对各投标者的资质和投标文件进行审查，在确立了所有投标文件均为有效标后，由招标办的人员会同招标单位的人员进行了评标，最后确定高于标底者为废标，余下者中标。

**问题：**

请分析上述背景资料的不对之处，并加以改正。

**参考答案：**

错处1：国家全额投资的项目，应公开招标，且投标者应不少于3家，而不能因抢工期采用邀请招标，就算邀请招标也不能两家，至少3家。

错处2：对各投标者的资质和投标文件进行审查不是公证处人员的职责，而应是招标单位的职责，公证处的人员只是对程序进行公证。

错处3：招标办的人员不能参与评标，评标由评标专家及招标单位的人员进行。

错处4：高于标底者为废标不妥，应改为按评标办法确定中标单位。

### ［案例2］

某市政工程项目由政府投资建设，建设单位委托某招标代理公司代理施工招标。招标代理公司确定该项目采用公开招标方式招标，招标公告仅在当地政府规定的招标信息网上发布，招标文件对省内的投标人与省外的投标人提出了不同的要求。招标文件中规定：投标担保可采用投标保证金或投标保函方式担保。评标方法采用经评审的最低投标价法，投标有效期为60 d。

项目施工招标信息发布以后，共有12个潜在投标人报名参加投标。为减少评标工作量，建设单位要求招标代理公司对潜在投标人的资质条件、业绩进行资格审查后确定6家为投标人。

开标后发现：A投标人的投标报价为8 000万元，为最低投标价。B投标人在开标后又提交了一份补充说明，可以降价5%。C投标人提交的银行投标保函有效期为50 d。D投标人投标文件的投标函盖有企业及企业法定代表人的印章，没有项目负责人的印章。E投标人与其他投标人组成了联合体投标，附有各方资质证书，没有联合体共同投标协议书。F投标人的投标报价最高，故F投标人在开标后第二天撤回其投标文件。

经过标书评审:A投标人被确定为第一中标候选人。发出中标通知书后,招标人和A投标人进行合同谈判,希望A投标人能再压缩工期、降低费用。经谈判后双方达成一致:不压缩工期,降价3%。

**问题:**

1.本工程项目招标公告和招标文件有无不妥之处? 若有请给出正确的做法。

2.建设单位要求招标代理公司对潜在投标人进行资格审查是否正确? 为什么?

3.A,B,C,D,E投标人投标文件是否有效? F投标人撤回投标文件的行为应如何处理?

4.项目施工合同如何签订? 合同价格应是多少?

**参考答案:**

1."招标公告仅在当地政府规定的招标信息网上发布"不妥,公开招标项目的招标公告,必须在指定媒介发布,任何单位和个人不得非法限制招标公告的发布地点和发布范围。

"对省内的投标人与省外的投标人提出了不同的要求"不妥,公开招标应当平等地对待所有的投标人,不允许对不同的投标人提出不同的要求。

2."建设单位提出的仅对潜在投标人的资质条件、业绩进行资格审查"不正确。因为资质审查的内容还应包括:①信誉;②技术;③拟投入人员;④拟投入机械;⑤财务状况等。

3.A投标人的投标文件有效;B投标人的投标文件(或原投标文件)有效,但补充说明无效,因开标后投标人不能变更(或更改)投标文件的实质性内容;C投标人投标文件无效,因投标保函有效期小于投标有效期;D投标人投标文件有效;E投标人投标文件无效,因为组成联合体投标的,投标文件应附联合体各方共同投标协议;F投标人的投标文件有效。

对F单位撤回投标文件的要求,应当没收其投标保证金。因为,投标行为是一种要约,在投标有效期内撤回其投标文件的,应当视为违约行为。

4.该项目应自中标通知书发出后30日内按招标文件和A投标人的投标文件签订书面合同,双方不得再签订背离合同实质性内容的其他协议。合同价格应为8 000万元。

**[案例3]**

某办公楼施工招标文件的合同条款中规定:预付款数额为合同价的30%,开工后3日内支付,上部结构工程完成一半时一次性全额扣回,工程款按季度支付。某承包商通过资格预审后对该项目投标,经造价工程师估算,总价为9 000万元,总工期为24个月,其中:基础工程估价为1 200万元,工期为6个月;上部结构工程估价为4 800万元,工期为12个月;装饰和安装工程估价为3 000万元,工期为6个月。该承包商为了既不影响中标,又能在中标后取得较好的收益,决定采用不平衡报价法对造价工程师的原估价作适当调整,基础工程调整为1 300万元,结构工程调整为5 000万元,装饰和安装工程调整为2 700万元。

另外,该承包商还考虑到,该工程虽然有预付款,但平时工程款按季度支付不利于资金周转,决定除按上述调整后的数额报价外,还建议业主将支付条件改为:预付款为合同价的5%,工程款按月支付,其余条款不变。该承包商将技术标和商务标分别封装,在封口处加盖本单位公章和法定代表人签字后,在投标截止日期前1 d上午将投标文件报送业主。次日(即投标截止日当天)下午,在规定的开标时间前1 h,该承包商又递交了一份补充材料,其中声明将原报价降低4%。但是,招标单位的有关工作人员认为,一个承包商不得递交两份投标文件,因而拒收承包商的补充材料。

开标会由市招标办的工作人员主持,市公证处有关人员到会,各投标单位代表均到场。开标前,市公证处人员对各投标单位的资质进行审查,并对所有投标文件进行审查,确认所有投标文件均有效后,正式开标。主持人宣读投标单位名称、投标价格、投标工期和有关投标文件的重要说明。

**问题:**

1. 该承包商所运用的不平衡报价法是否恰当? 为什么?

2. 除了不平衡报价法,该承包商还运用了哪些报价技巧? 运用是否得当?

3. 从所介绍的背景资料来看,在该项目招标程序中存在哪些问题? 请分别作简要说明。

**参考答案:**

1. 恰当。因为该承包商是将属于前期工程的基础工程和主体结构工程的报价调高,而将属于后期工程的装饰和安装工程的报价调低,可以在施工的早期阶段收到较多的工程款,从而可以提高承包商所得工程款的现值;而且,这3类工程单价的调整幅度均在 ±10% 以内,属于合理范围。

2. 该承包商运用的投标技巧还有多方案报价法和突然降价法。多方案报价法运用恰当,因为承包商的报价既适用于原付款条件也适用于建议的付款条件;突然降价法也运用得当,原投标文件的递交时间比规定的投标截止时间仅提前 1 d 多,这既是符合常理的,又为竞争对手调整、确定最终报价留有一定的时间,起到了迷惑竞争对手的作用。若提前时间太多,会引起竞争对手的怀疑,而在开标前 1 h 突然递交一份补充文件,这时竞争对手已不可能再调整报价了。

3. 该项目招标程序中存在以下问题:

①招标单位的有关工作人员不应拒收承包商的补充文件,因为承包商在投标截止时间之前所递交的任何正式书面文件都是有效文件,都是投标文件的有效组成部分,也就是说,补充文件与原投标文件共同构成一份投标文件,而不是两份相互独立的投标文件。

②根据《中华人民共和国招标投标法》,应由招标人(招标单位)主持开标会,并宣读投标单位名称、投标价格等内容,而不应由市招投标办工作人员主持和宣读。

③资格审查应在投标之前进行(背景资料说明了承包商已通过资格预审),公证处人员无权对承包商资格进行审查,其到场的作用在于确认开标的公正性和合法性(包括投标文件的合法性)。

## [案例4]

清华同方(哈尔滨)水务有限公司承建的哈尔滨市太平污水处理厂工程项目已由黑龙江省发改委批准。该工程建设规模为日处理能力32.5 万 $m^3$ 二级处理,总造价约为3.3 亿元,其中土建工程约为 2.0 亿元。工程资金来源为:35% 自有资金;65% 银行贷款。中化建国际招标有限责任公司受工程总承包单位清华同方股份有限公司委托,就该工程部分土建工程的第五标段、第六标段、第七标段、第八标段、第九标段、第十标段进行国内竞争性公开招标,选定承包人。现邀请合格的潜在的土建工程施工投标人参加本工程的投标。要求投标申请人须具备承担招标工程项目的能力和建设行政主管部门核发的市政公用工程施工总承包一级资质,地基与基础工程专业承包三级或以上资质的施工单位,并在近两年承担两座以上(含两座)10 万 $m^3$ 以上污水处理厂主体施工工程。同时作为联合体的桩基施工单位应具有三级或以上桩基施工资质,近两年相关工程业绩良好。

**问题：**

1. 建设工程招标的方式有哪几种？各有什么特点？

2. 哪些工程建设项目必须通过招标进行发包？

**参考答案：**

1. 建设工程招标的方式有公开招标和邀请招标两种。

公开招标的优点是，投标的承包商多、范围广、竞争激烈，业主有较大的选择余地，能获得有竞争性的报价，提高工程质量和缩短工期。其缺点是，由于申请投标人较多，一般要设置资格预审程序，而且评标的工作量也较大，所需招标时间长、费用高。

邀请招标的优点是，不需要发布招标公告和设置资格预审程序，节约招标费用和节省时间；由于对投标人以往的业绩和履约能力比较了解，减小了合同履行过程中承包方违约的风险。为了体现公平竞争和便于招标人选择综合能力最强的投标人中标，仍要求在投标书内报送表明投标人资质能力的有关证明材料，作为评标时的评审内容之一（通常称为资格后审）。邀请招标的缺点是，由于邀请范围较小选择面窄，可能排斥了某些在技术或报价上有竞争实力的潜在投标人，因此投标竞争的激烈程度相对较差。

2. 根据《招标投标法》规定，在中华人民共和国境内进行下列工程建设项目包括项目的勘察、设计、施工、监理以及与工程建设有关的重要设备、材料等的采购，必须进行招标：

①大型基础设施、公用事业等关系社会公共利益、公众安全的项目。

②全部或者部分使用国有资金投资或者国家融资的项目。

③使用国际组织或者外国政府贷款、援助资金的项目。

## [案例5]

某办公楼的招标人于10月11日向具备承担该项目能力的A、B、C、D、E 5家承包商发出投标邀请书，其中说明，10月17—18日9至16时在该招标人总工程师室领取招标文件，11月8日14时为投标截止时间。

该5家承包商均接受邀请，并按规定时间提交了投标文件，但承包商A在送出投标文件后发现报价估算有较严重的失误，遂赶在投标截止时间前10 min递交了一份书面声明，撤回已提交的投标文件。

开标时，由招标人委托的市公证处人员检查投标文件的密封情况，确认无误后，由工作人员当众拆封，由于承包商A已撤回投标文件，故招标人宣布有B、C、D、E 4家承包商投标，并宣读该4家承包商的投标价格、工期和其他主要内容。

评标委员会委员由招标人直接确定，共由6人组成，其中招标人代表2人，本系统技术专家1人，经济专家1人，外系统技术专家1人，经济专家1人。

在评标过程中，评标委员会要求B、D两投标人分别对其施工方案作详细说明，并对若干技术要点和难点提出问题，要求其提出具体、可靠的实施措施。作为评标委员的招标人代表希望承包商B再适当考虑一下降低报价的可能性。

按照招标文件中确定的综合评标标准，4个投标人综合得分从高到低的依次顺序为B、D、C、E，故评标委员会确定承包商B为中标人。由于承包商B为外地企业，招标人于11月10日将中标通知书以挂号方式寄出，承包商B于11月14日收到中标通知书。

由于从报价情况来看,4个投标人的报价从低到高的依次顺序为D,C,B,E,因此,从11月16日至12月11日招标人又与承包商B就合同价格进行了多次谈判,结果承包商B将价格降到略低于承包商C的报价水平,最终双方于12月12日签订了书面合同。

**问题:**

从所介绍的背景资料来看,在该项目的招标投标中哪些方面不符合《中华人民共和国招标投标法》的有关规定? 请逐一说明。

**参考答案:**

1. 本工程应该采用公开招标,而招标人采用了邀请招标。

2. 开标时,宣读投标人时应包括A承包商参与投标情况。

3. 评标委员会成员的名单在中标结果确定前应当保密,且人员为5人以上的单数,经济技术专家不少于2/3。而本案例评标委员会委员由招标人直接确定,共由6人组成。

4. 在评标过程中,不允许变更价格、工期、质量等级等实质性内容。招标人代表希望承包商B再适当考虑一下降低报价的可能性,违反了规定。

5. 中标通知书发出后,合同谈判中不应对报价进行更改,只能对支付方式,预付款的多少等合同内容进行谈判。

## [案例6]

某建设工程的建设单位自行办理招标事宜。由于该工程技术复杂,建设单位决定采用邀请招标,共邀请A,B,C 3家特级施工企业参加投标。邀请书中规定:6月1日至6月3日9:00—17:00在该单位总经济师室出售招标文件。招标文件中规定:6月30日为投标截止日;投标有效期到7月20日为止;投标保证金统一为100万元,投标保证金有效期到8月20日为止;评标采用综合评价法,技术标和商务标各占50%。

在评标过程中,鉴于各投标人的技术方案大同小异,建设单位决定将评标方法改为经评审的最低投标价法。评标委员会根据修改后的评标方法,确定的评标结果排名顺序为A公司、C公司、B公司。建设单位于7月15日确定A公司中标,于7月16日向A公司发出中标通知书,并于7月18日于A公司签订了合同。在签订合同过程中,经审查,A公司所选择的设备安装分包单位不符合要求,建设单位遂指定国有一级安装企业D公司作为A公司分包单位。建设单位于7月28日将中标结果通知了B,C两家公司,并将投标保证金退还给两家公司。建设单位于7月31日向当地招标管理部门提交了该工程招标情况的书面报告。

**问题:**

该建设单位在招标工作中有哪些不妥之处?

**参考答案:**

1. 投标保证金的数额一般不高于合同价的2%,但不超过80万元。本案例投标保证金为100万元。

2. 如果投标保证金采用的是银行保函的形式,银行保函的有效期应在投标有效期满后28 d内继续有效。本案例投标保证金的有效期大于投标有效期30 d。

3. 本案例6月30日为投标截止日;投标有效期到7月20日为止;投标有效期时间太短,完成不了评标、定标、签订合同等工作。

4. 在评标过程中,建设单位修改评标办法的做法是不妥的。

5.在签订合同过程中,建设单位遂指定国有一级安装企业 D 公司作为 A 公司分包单位做法不妥,违背了建筑法的规定,建设单位不可指定分包之规定。

6.招标人应当自确定中标人之日起 15 d 内,向有关行政监督部门提交招投标情况的书面报告,而建设单位于 7 月 15 日确定 A 公司中标,7 月 31 日才向当地招标管理部门提交了该工程招标情况的书面报告。

## [案例7]

某单位就某工程实行公开招标。现初步确定标底价为 2 050 万元,工程预付款款额为合同价的 8%,开工第二季度末一次性收回,工程价款按照季度支付。在招标过程中,发生下列事项:

### 1.招标阶段

在招标单位将招标文件等发给获得投标资格的 5 家单位时,规定各投标单位如果在收到招标文件 10 d 内,对招标工作提供的工程量清单中的错误,以书面的形式向招标单位提出;之后招标单位又将招标文件中的通用合同条款部分加以补充,补充文件在投标截止日期前 8 d 发到各投标单位所在地;并借此机会通知各个投标单位。若有补充修改,投标文件的情况必须在开标前 3 d 以书面的方式送达,否则视为无效。

发放招标文件后,招标单位召集投标单位召开预备会。并在会后 2 ~ 3 d 组织投标单位勘察现场。

拟定的评标机构总人数为 4 人,其中技术专家 2 人,投资分析及评估专家 2 人。

开标会拟定在原投标截止日期的第二天召开,唱标顺序按照各单位的投标顺序,对于未中标单位决定不返还投标保证金。

### 2.投标阶段

A 投标单位在分析计算出投标估价后,为了不影响中标又能在中标后取得较好的收益,在不改变总报价的基础上,对各项目的报价做出了调整,增加了工程款现值。

B 投标单位在分析计算出投标估价后,认为工程款按照季度支付不利于资金周转,决定在报价之外,另建议将预付款条件改为工程预付款为合同价的 5% 工程进度款按月支付,报价降低 2%,其他不变。

C 投标单位在分析计算出投标估价后,在分析了原招标文件的设计及施工方案的基础上,提出了一种新的方案,缩短了工期,并且可操作性好。各家报价见下表。

| 投标人 | A | B | C | D | E | 标底 |
|---|---|---|---|---|---|---|
| 报价/万元 | 1 950 | 2 020 | 2 120 | 2 010 | 2 000 | 2 050 |
| 技术标得分 | | | | | | |

### 3.评标阶段

原投标文件规定:

①技术标满分为 35 分,技术标最低得分若低于技术标次低得分超过 10%,则该技术标得

分单位不再继续参评商务标。

②商务标满分65分。以标底的40%和投标单位报价平均值的60%作为基准价。报价高于基准价1%扣1分,低于基准价1%加1分,不足1%四舍五入,最多加10分。

**问题：**

1. 在招标阶段的4个事项中,各有哪些不妥之处? 请指出并更正。

2. 在投标期间A、B、C 3家单位各采用了哪些技术投标技巧?

3. 协助业主确定最后中标单位,并写明理由。

**参考答案：**

1. 主要事项如下：

①"规定各项投标单位如果在收到投标文件10 d内对发现招标文件中提供的工程量清单中的错误以书面的形式向招标单位提出。"

②"招标单位又将招标文件中的通用合同条款部分加以补充,补充文件在投标截止日期前8 d发到各投标单位所在地。"

③"并借此机会通知各投标单位若有补充,修改投标文件的情况必须在开标前3 d以书面的方式送出,否则视为无效。"

④"发放招标文件后,招标单位召集投标单位召开预备会,并在会后2~3 d组织投标单位勘察现场。"

⑤"拟定评标机构总人数为4人,其中技术专家2人,投资分析及评估专家2人。"

⑥"开标会拟定在原投标截止日期的第二天召开。"

⑦"对于未中标单位决定不返还投标资金。"

2. 在投标期间3家单位采用的投标技巧有：

①"A投标单位在不改变总报价的基础上,对各项目的报价做出了调整,增加了工程款现值。"

②"B投标单位建议付款条件改为工程预付款为合同价的5%工程进度款按月支付,报价降低2%,其他不变。"

③"投标单位提出了一种新的方案,缩短了工期,并且可操作性好。"

3. 确定最后中标单位,并写明理由：

①技术标满分为35分,技术标最低得分若低于技术标次底得分超过10%,则该技术标得分单位不再继续参评商务标。(技术标得分老师给定,见下表)

| 投标人 | A | B | C | D | E | 标底 |
|---|---|---|---|---|---|---|
| 报价/万元 | 1 950 | 2 020 | 2 120 | 2 010 | 2 000 | 2 050 |
| 技术标得分 | 32 | 31 | 34.5 | 35.5 | 27.85 | |

②商务标满分65分。以标底的60%和投标单位报价平均值的40%作为基准价。报价高于基准价1%扣1分,低于基准价1%加1分,不足1%四舍五入,最多加10分。

5家平均报价为2 020万元,基准价为2 020万元×0.6+2 050万元×0.4＝2 032万元。

| 投标人 | A | B | C | D | E | 标底 |
|---|---|---|---|---|---|---|
| 报价/万元 | 1 950 | 2 020 | 2 120 | 2 010 | 2 000 | 2 050 |
| 商务标得分 | 59 | 55.6 | 50.7 | 56.1 | 56.6 | |

各投标单位得分：A = 91，B = 86.6，C = 85.2，D = 91.7，E = 84.45。D 投标单位综合得分最高，应最后确定为中标单位。

## [案例 8]

某大型工程，由于技术难度大，对施工单位的施工设备和同类工程施工经验要求高，而且对工期的要求也比较紧迫。业主在对有关单位和在建工程考察的基础上，仅邀请了 3 家国有一级施工企业参加投标，并预先与咨询单位和该 3 家单位共同研究确定了施工方案。业主要求投标单位将技术和商务标分别装订报送。经招标领导小组研究确定的评标规定如下：

1. 技术标共 30 分，其中施工方案 10 分（因已经确定施工方案，各投标单位均得 10 分）、施工总工期 10 分、工程质量 10 分。满足业主总工期要求（36 个月）者得 4 分，每提前 1 个月加 1 分，不满足者为废标；业主希望该工程今后能够评为省优工程，自报工程质量合格者得 4 分，承诺将该工程建成省优工程者得 6 分（若该工程未被评为省优工程将扣罚合同价的 2%，该款项在竣工结算时暂不支付给承包商），近 3 年内获鲁班工程奖每项加 2 分，获省优工程奖每项加 1 分。

2. 商务标共 70 分。报价不超过标底（35 500 万元）的 ±5% 者为有效标，超过者为废标。报价为标底的 98% 者得满分（70 分），在此基础上，报价比标底每下降 1%，扣 1 分，每上升 1%，扣 2 分（计分按四舍五入取整）。

各投标单位的有关情况列于表 1。

**表 1  投标参数汇总表**

| 投标单位 | 报价/万元 | 总工期/月 | 自报工程质量 | 鲁班工程奖 | 省优工程奖 |
|---|---|---|---|---|---|
| A | 35 642 | 33 | 优良 | 1 | 1 |
| B | 34 364 | 31 | 优良 | 0 | 2 |
| C | 33 867 | 32 | 合格 | 0 | 1 |

**问题：**

1. 该工程采用邀请招标方式且仅邀请了 3 家施工单位投标，是否违反有关规定？为什么？

2. 请按综合得分最高者中标的原则确定中标单位。

3. 若改变该工程评标的有关规定，将技术标增加到 40 分，其中施工方案 20 分（各投标单位均得分 20 分），商务标减少为 60 分，是否会影响评标结果？为什么？若影响，应由哪家施工单位中标？

**参考答案：**

1. 不违反有关规定。根据有关规定，对于技术复杂的工程，允许采用邀请招标方式，邀请参加投标的单位不得少于 3 家。

2. 计算各投标单位的技术标得分：

| 投标单位 | 施工方案 | 总工期 | 工程质量 | 合　计 |
|---|---|---|---|---|
| A | 10 | 7 | 9 | 26 |
| B | 10 | 9 | 8 | 27 |
| C | 10 | 8 | 5 | 23 |

计算各投标单位的商务标得分：

| 投标单位 | 报价/万元 | 报价与标底的比例/% | 扣　分 | 得　分 |
|---|---|---|---|---|
| A | 35 642 | 35 642/35 500 = 100.4 | $(100.4-98) \times 2 \approx 5$ | 65 |
| B | 34 364 | 34 364/35 500 = 96.8 | $(98-96.8) \times 1 \approx 1$ | 69 |
| C | 33 867 | 33 867/35 500 = 95.5 | $(98-95.4) \times 1 \approx 3$ | 67 |

计算各投标单位综合得分：

A:26 + 65 = 91　　　B:27 + 69 = 96　　　C:23 + 67 = 90

因为 B 公司得分最高,故应选择 B 公司为中标单位。

3. 这样改变评标办法不会影响评标结果,因为各投标单位的技术标得分均增加 10 分(20 - 10),而商务标得分均减少 10 分(70 - 60),综合得分不变。

## [案例9]

某工业厂房项目的业主经过多方了解,邀请了 A,B,C 3 家技术实力和资信俱佳的承包商参加该项目的投标。

在招标文件中规定:评标时采用最低综合报价中标的原则,但最低投标价低于次低投标价 10% 的报价将不予考虑。工期不得长于 18 个月,若投标人自报工期少于 18 个月,在评标时将考虑其给业主带来的收益,折算成综合报价后进行评标。若实际工期短于自报工期,每提前 1 d 奖励 1 万元,若实际工期超过自报工期,每拖延 1 d 罚款 2 万元。

A,B,C 3 家承包商投标书中与报价和工期有关的数据汇总于下表。

**投标参数汇总表**

| 投标人 | 基础工程 | | 上部结构工程 | | 安装工程 | | 安装工程与上部结构工程搭接时间/月 |
|---|---|---|---|---|---|---|---|
| | 报价/万元 | 工期/月 | 报价/万元 | 工期/月 | 报价/万元 | 工期/月 | |
| A | 400 | 4 | 1 000 | 10 | 1 020 | 6 | 2 |
| B | 420 | 3 | 1 080 | 9 | 960 | 6 | 2 |
| C | 420 | 3 | 1 100 | 10 | 1 000 | 5 | 3 |

假定:贷款月利率为 1%,各分部工程每月完成的工作量相同,在评标时考虑工期提前给业主带来的收益为每月 40 万元。

**问题:**

1. 若不考虑资金的时间价值,应选择哪家承包商作为中标人?

2. 若考虑资金的时间价值,应选择哪家承包商作为中标人?

**参考答案:**

1. 承包商 A 的总报价为:400 万元 + 1 000 万元 + 1 020 万元 = 2 420 万元

总工期为:4 + 10 + 6 − 2 = 18 个月

相应的综合报价为:2 420 万元

承包商 B 的总报价为:420 万元 + 1 080 万元 + 960 万元 = 2 460 万元

总工期为:3 + 9 + 6 − 2 = 16 个月

相应的综合报价为:2 460 万元 − 40 万元 × (18 − 16) = 2 380 万元

承包商 C 的总报价为:420 万元 + 1 100 万元 + 1 000 万元 = 2 520 万元

总工期为:3 + 10 + 5 − 3 = 15 个月

相应的综合报价为:2 520 万元 − 40 万元 × (18 − 15) = 2 400 万元

因此,若不考虑资金时间价值,应选择承包商 B 作为中标人。

2. 承包商 A:基础工程每月工程款 400 万元/4 = 100 万元

上部结构工程每月工程款 1 000 万元/10 = 100 万元

安装工程每月工程款 1 020 万元/6 = 170 万元

综合报价的现值:

$PVA = 100(P/A,1\%,4) + 100(P/A,1\%,10)(P/F,1\%,4) + 170(P/A,1\%,6)(P/F,1\%,12) = 2\ 174.20$ 万元

承包商 B:基础工程每月工程款 420 万元/3 = 140 万元

上部结构工程每月工程款 1 080 万元/9 = 120 万元

安装工程每月工程款 960 万元/6 = 160 万元

工期提前每月收益:40 万元

综合报价的现值:

$PVB = 140(P/A,1\%,3) + 120(P/A,1\%,9)(P/F,1\%,3) + 160(P/A,1\%,6)(P/F,1\%,10) - 40(P/A,1\%,2)(P/F,1\%,16) = 2\ 181.75$ 万元

承包商 C:基础工程每月工程款 420 万元/3 = 140 万元

上部结构工程每月工程款 1 100 万元/10 = 110 万元

安装工程每月工程款 1 000 万元/5 = 200 万元

工期提前每月收益:40 万元

综合报价的现值:

$PVC = 140(P/A,1\%,3) + 110(P/A,1\%,10)(P/F,1\%,3) + 200(P/A,1\%,5)(P/F,1\%,10) - 40(P/A,1\%,3)(P/F,1\%,15) = 2\ 200.50$ 万元

因此,若考虑资金时间价值,应选择承包商 A 作为中标人。

**[案例 10]**

某国际工程,工程项目为皇家私人别墅,工程为 EPC 项目,采用总价承包方式。工程按照国际惯例采用 FIDIC 合同模式进行招标和施工管理,采用邀请方式选择承包商,项目的业主经

过多方了解,邀请了 A,B,C 3 家技术实力和资信俱佳的承包商参加该项目的投标。其中一方是我中方某建筑工程公司,招标文件采用的是英文版,中方某建筑工程公司接到招标文件后,组织人员对招标文件进行了翻译,并安排国内有经验的工程技术及造价人员编制投标文件。

中方某建筑工程公司按照规定时间编制完成投标文件并进行了投标。按照国际惯例,投标价格最低的一家为中标单位。中方以低于其他两家平均 2 500 万美元的价格,一举中标。

中标后中方公司组织施工,在施工过程中发现以下问题:

1. 我方投标的材料价格低于当地市场价格。

2. 建筑物内部的楼梯扶手图纸标注为镶金扶手,而中方翻译却翻译成镀金扶手。仅此一项中方公司将亏损近千万元人民币。

项目部对工程项目重新进行了成本分析,分析结果表明,如果继续施工我方将亏损 2 000 万美元。

**问题:**

1. 什么是 EPC 项目? 它有哪些特点?

2. 此案例中投标人都出现了哪些错误?

3. 出现亏损局面责任在谁? 该怎样处理?

**参考答案:**

1. EPC 是英文 Engineer,Procure,Construct 头字母缩写。其中文含义是对一个工程负责进行"设计、采购、施工",与通常所说的工程总承包含义相似。

总承包:一般工程总承包是指对工程负责设计、采购设备、运输、保险、土建、安装、调试、试运行,最后机组移交业主商业运行,整个过程称为工程的总承包。

它的特点是全功能工程全过程总承包。实践证明,全过程项目管理是一种高附加值的服务活动,是最能为业主创造价值和效益的一种服务。这样就对项目管理提出更高的要求,项目管理需要专业化,专业合作突出。

2. 投标人在投标前没有作市场调查,对国际市场不了解,对工程风险估计不足。招标文件翻译错误,导致报价偏低。

3. 出现亏损局面的主要原因是在投标阶段的工作做得不好,导致施工阶段出现亏损,主要责任在投标单位的项目负责人。

按照国际惯例,总承包项目业主一般是不会支付补偿款的。

本工程出现亏损该如何处理呢? 方案一:继续施工,加强内部管理,优化设计,减少亏损。方案二:想办法让业主提出终止合同,停止合同的履行。

现实中公司采用了方案二,通过各种手段让业主放弃了此项目,中方最后不仅没有损失,而且还可获得赔偿。

# 模块 2　建筑工程质量控制案例

## 【学习要点】

学生应掌握以下质量控制的基础理论知识：

①质量控制的方法："计划、执行、检查、处理"（PDCA）循环工作方法，不断改进过程控制。事前控制、事中控制、事后控制。

②质量控制的措施：组织措施，经济措施、技术措施、合同措施。

③质量控制的 5 大要素：人、材料、机械、方法、环境。

④质量管理与控制重点：a.关键工序和特殊过程；b.质量缺陷；c.施工经验较差的分项工程；d.新材料、新技术、新工艺、新设备；e.行分包的分项、分部工程；f.隐蔽工程。

## 【知识讲解】

建筑工程质量可分为狭义和广义两种含义。狭义的建筑工程质量主要是指从使用功能上说，强调的是实体质量，比如说基础是否坚固耐久、主体结构是否安全可靠、采光和通风等效果是否达到预定要求等。广义的建筑工程质量主要指的不仅包括建筑工程的实体质量而且还包括形成建筑工程的实体质量的工作质量。工作质量是指参与建筑工程的建设者在整个建设过程中，为了保证建筑工程实体质量所从事工作的水平和完善程度，包括社会工作质量、生产过程工作质量。现就广义的建筑工程质量控制作初探性的探讨研究。

### 1. 建筑工程质量的特点

建筑工程产品质量与一般的产品质量相比较，建筑工程质量具有以下一些特点：影响因素多、隐蔽性强、终检局限性大、对社会环境影响大等。

#### 1）影响因素多

建筑工程项目从筹建开始决策、设计、材料、机械、环境、施工工艺、管理制度以及参建人员素质等均直接或间接地影响建筑工程质量。因此它具有受影响因素多的特点。

#### 2）隐蔽性强、终检局限性大

目前建筑工程存在的质量问题，一般事后表面上看质量尽管很好，但是这时可能混凝土已经失去了强度，钢筋已经被锈蚀得完全失去了作用，诸如此类的建筑工程质量问题在工程终检时是很难通过肉眼判断出来的，有时即使使用了检测仪器和工具，也不一定能准确地发现问题。

#### 3）对社会环境影响大

与建筑工程规划、设计、施工质量的好与坏有密切联系的不仅仅是建筑的使用者，而是整个社会。建筑工程质量直接影响人们的生产生活，而且还影响着社会可持续发展的环境，特别是有关绿化、环保和噪音等方面的问题。

## 2. 影响建筑工程质量的因素

建筑工程项目在业主建设资金充足的情况下,影响建筑工程质量的因素归纳起来主要有5个方面,即人(Man)、材料(Material)、机械(Machine)、方法(Method)和环境(Environment),简称为4MIE 因素。

### 1)人员因素

人是生产经营活动的主体,人员的素质将直接和间接地对规划、决策、勘察、设计和施工的质量产生影响,而规划是否合理、决策是否正确、设计是否符合所需要的质量功能、施工能否满足合同、规范、技术标准的需要等,都将对建筑工程质量产生不同程度的影响,所以人员素质是影响工程质量的一个重要因素。

### 2)工程材料

工程材料泛指构成工程实体的各类建筑材料、构配件、半成品等,它是工程建设的物质条件,工程材料选用是否合理、产品是否合格、材质是否经过检验、保管使用是否得当等,都将直接影响工程的质量。

### 3)机械设备

机械设备可分为两类:一是指组成工程实体及配套的工艺设备和各类机具,如电梯;二是指施工过程中使用的各类机具设备,如各类测量仪器和计量器具等,简称施工机具设备。机具设备对工程质量也有重要的影响。工程用机具设备其产品质量优劣,直接影响工程使用功能质量。

### 4)工艺方法

工艺方法是指施工现场采用的施工方案,包括技术方案和组织方案。前者如施工工艺和作业方法,后者如施工区段空间划分及施工流向顺序、劳动组织等。在工程施工中,施工方案是否合理,施工工艺是否先进,施工操作是否正确,都将对工程质量产生重大的影响。大力推进采用新技术、新工艺、新方法,不断提高工艺技术水平,是保证工程质量稳定提高的重要因素。

### 5)环境条件

环境条件是指对工程质量特性起重要作用的环境因素,包括:工程技术环境,如工程地质、水文、气象等;工程作业环境,如施工环境作业面大小、防护等;工程管理环境,主要指工程实施的合同结构与管理关系的确定等;周边环境,如工程邻近的地下管线、建(构)筑物等。环境条件往往对工程质量产生特定的影响。

## 3. 建筑工程质量控制的(PDCA 循环)方法

PDCA 循环是指由计划(Plan)、实施(Do)、检查(Check)和处理(Action)4 个阶段组成的工作循环。它是一种科学管理程序和方法,其工作步骤如下:

### 1)计划(Plan)

这个阶段包含以下 4 个步骤:

第一步,分析质量现状,找出存在的质量问题。首先,要分析企业范围内的质量通病,也就是工程质量上的常见病和多发病;其次,针对工程中的一些技术复杂、难度大的项目,质量要求高的项目,以及新工艺、新技术、新结构、新材料等项目,要依据大量的数据和情报资料,用数理统计方法来分析反映问题。

第二步,分析产生质量问题的原因和影响因素。这一步也要依据大量的数据,应用数理统计方法,并召开有关人员和有关问题的分析会议,最后,绘制成因果分析图。

第三步,找出影响质量的主要因素。

为找出影响质量的主要因素,可采用两种方法:一是利用数理统计方法和图表;二是当数据不容易取得或者受时间限制来不及取得时,可根据有关问题分析会的意见来确定。

第四步,制订改善质量的措施,提出行动计划,并预计效果。

在进行这一步时,要反复考虑并明确回答以下"5W1H"问题:①为什么要采取这些措施? 为什么要这样改进? 即要回答采取措施的原因。(Why)②改进后能达到什么目的? 有什么效果?(What)③改进措施在何处(哪道工序、哪个环节、哪个过程)执行?(Where)④什么时间执行,什么时间完成?(When)⑤由谁负责执行?(Who)⑥用什么方法完成? 用哪种方法比较好?(How)

**2)实施(Do)**

这个阶段只有 1 个步骤,即第五步。

第五步,组织对质量计划或措施的执行。怎样组织计划措施的执行呢? 首先,要做好计划的交底和落实。落实包括组织落实、技术落实和物资材料落实。有关人员还要经过训练、实习并经考核合格再执行。其次,计划的执行,要依靠质量管理体系。

**3)检查(Check)**

检查阶段也只有 1 个步骤,即第六步。

第六步,检查采取措施的效果。也就是检查作业是否按计划要求去做的:哪些做对了? 哪些还没有达到要求? 哪些有效果? 哪些还没有效果?

**4)处理(Action)**

处理阶段包含 2 个步骤。

第七步,总结经验,巩固成绩。也就是经过上一步检查后,把确有效果的措施在实施中取得的好经验,通过修订相应的工艺文件、工艺规程、作业标准和各种质量管理的规章制度加以总结,把成绩巩固下来。

第八步,提出尚未解决的问题。

通过检查,把效果还不显著或还不符合要求的那些措施,作为遗留问题,反映到下一循环中。

PDCA 循环是不断进行的,每循环一次,就实现一定的质量目标,解决一定的问题,使质量水平有所提高。如此不断循环,周而复始,使质量水平也不断提高。

## 4.建筑工程质量控制措施

针对上述问题和相关的影响因素,为了提高建筑工程质量水平主要从以下几方面采取必要的控制措施:

1）建筑工程项目质量控制必须实施动态控制

建筑工程项目质量控制是建筑工程项目管理工作的一部分，而建筑工程项目管理是建筑工程项目过程和管理过程的有机结合，建筑工程项目管理和质量控制随时间、地点、客观条件、人的因素、物的因素的发展而变化的，因此，建筑工程项目质量控制必须是动态的控制。质量控制对象是指从空间上的有关工程建设的每一个部分、每一个子项目，直至每一个设备零件、材料单件，每一项工作、技术和业务，都要保证工程质量标准，才能确保建筑工程质量达到预期的水平。

2）持以预防为主的原则

建筑工程质量控制应该是积极主动的，应事先对影响建筑工程质量的各种因素加以控制，而不能是消极被动的，等出现质量问题再进行处理。所以，要重点做好建筑工程质量的事先控制和事中控制，以预防为主，加强过程和中间产品的质量检查和控制。

3）建立建筑工程质量责任体系

在建筑工程项目建设中，参与建筑工程建设的各方，应根据国家颁布的《建设工程质量管理条例》、合同、协议以及有关文件的规定承担相应的责任。

（1）项目业主的质量责任

项目业主要根据建筑工程特点和技术要求，按有关规定选择相应资质等级的勘察、设计和施工单位，在合同中必须有质量条款，明确质量责任，并真实、准确、齐全地提供与建筑工程有关的原始资料。凡建筑工程项目的勘察、设计、施工、监理以及建筑工程建设有关重要设备材料等的采购，均实行招标，依法确定程序和方法，择优选定中标者。建筑工程项目业主对其自行选择的设计、施工单位发生的质量问题承担相应责任。

（2）勘察、设计单位的质量责任

勘察、设计单位必须在其资质等级许可的范围内承揽相应的勘察设计任务，不许承揽超越其资质等级许可范围以外的任务，不得将承揽的工程转包或违法分包，也不得以任何形式用其他单位的名义承揽业务或允许其他单位或个人以本单位的名义承揽业务。

（3）施工单位的质量责任

施工单位必须在其资质等级许可的范围内承揽相应的施工任务，不许承揽超越其资质等级许可范围以外的任务，不得将承接的工程转包或违法分包，也不得以任何形式用其他单位的名义承接工程或允许其他单位或个人以本单位的名义承接工程。施工单位对所承包的建筑工程项目的施工质量负责。应当建立健全质量管理体系，落实质量责任制，确定建筑工程项目的项目经理、技术负责人和施工管理负责人。

（4）工程监理单位的质量责任

工程监理单位应按其资质等级许可的范围内承担工程监理业务，不许超越资质等级许可的范围或以其他工程监理单位的名义承担工程监理业务，不得转让监理业务，不许其他单位或个人以本单位名义承担工程监理业务。工程监理单位应依照法律、法规和有关技术标准和建设工程承包合同，与项目业主签订监理合同，代表项目业主对建筑工程质量实施监理，并对建筑工程质量承担监理责任。

4）具体质量控制措施

按照工程施工组织的顺序具体质量控制措施如下：

（1）事前控制

施工准备阶段是施工单位为正式施工进行各项准备、创造开工条件的阶段。施工阶段发生的质量问题、质量事故，往往是由于施工准备阶段工作的不充分而引起的。因此，项目监理部在进行质量控制时，将十分关注施工准备阶段各项准备工作的落实情况。项目监理部将通过抓住工程开工审查关，采集施工现场各种准备情况的信息，及时发现可能造成质量问题的隐患，以便及时采取措施，实施预防。

在施工准备阶段，项目监理部采取预控方法进行监理，具体控制要点及手段主要有：

①检查和督促施工单位健全质量及安全保证措施。每个施工承包单位都应有项目经理全面负责，并设施工员、质量员、资料员和安全员，在施工现场进行全过程质量管理和质量控制。建立施工工序的自检验收制度。

②对施工队伍及人员控制。审查承包单位施工队伍及人员的技术资质与条件是否符合要求，项目监理部审查认可后，方可上岗施工；对不合格人员，项目监理部有权要求承包单位予以撤换。

③施工准备的检验和监理。施工准备工作的检查是预控的重要环节。对于分部工程的开工，监理工程师要着重从工程质量保证角度逐项审查。对于不具备开工条件者，有权要求施工单位暂缓开工，直至达到开工条件为止。

④施工组织设计和技术措施的审批。项目监理部进驻施工现场后，将严格审查施工承包单位编写的施工组织设计和技术措施，审查应以确保工程质量为前提。项目监理部将以施工单位是否按施工承包合同中所承诺的机具、人员、材料进行投入来作为衡量是否已作好开工准备的条件之一。

⑤建筑原材料、半成品供应商的审批。在保证质量的前提条件下，项目监理部允许施工单位在建筑原材料、半成品供应商中间进行合理的选择，但施工单位必须进行采样试验，并将试验结果报项目监理部审批，以确定原材料、半成品供应厂商。

⑥建筑原材料、半成品的试验与审批。对运抵施工现场的各种建筑原材料、半成品，施工单位必须按照规范规定的技术要求、试验方法进行验收试验（项目监理部实行见证取样），并将试验结果报项目监理部，项目监理部将根据质检站和施工单位的验收结果，作出是否批准建筑原材料、半成品用于工程。

⑦配合比试验与审批。项目监理部要求施工单位根据批准进场使用的原材料，按照设计要求的各种不同强度等级，进行混凝土、砂浆配合比的试验，并将试验结果报项目监理部。项目监理部将根据质检站和施工单位的试验结果作出是否批准相应的混凝土配合比用于工程，未经批准的混凝土配合比不得在工程中使用。

⑧进场施工机械、设备的检查与审批。项目监理部要求施工单位在施工机械进场前填写"进场机械报验单"，并提供进场施工机械清单（包括设备名称、规格、型号、数量及运行质量情况）。经项目监理部检查合格后方可在工程施工中使用，未经批准的任何施工机械、设备不得在工程中使用。

⑨测量、施工放样审核。项目监理部要求施工单位在每一施工项目开工前填写"施工放样报验单"并附施工放样检查资料，一并报驻地监理审核。并对水准点和本工程的重要控制点，督促有关项目组定期复测、保护，监理部负责复核。

⑩特殊施工技术方案和特殊工艺的审批。如果工程需要,施工单位提出特殊技术措施和特殊工艺,项目监理部要求施工单位填写"施工技术方案报验单"并附具体的施工技术方案,一并报项目监理部审核。

项目监理部将坚持"成功的经验、成熟的工艺、有专家评审意见、有利于保证质量"作为审核特殊技术措施和特殊工艺的标准。

⑪质量保证体系的建立。项目监理部将通过建立健全质量管理网络,落实隐蔽工程自检、互检、抽检的验收三级检查制度,使质量管理深入基层,最大限度地发挥施工单位在质量工作中的保证作用,以使施工中的质量缺陷、质量隐患尽可能地在自检、互检、抽检过程中得到发现,并及时予以纠正。

⑫开工批准。施工单位在完成上述报审后,经项目监理部审核,确定具备开工条件,由总监理工程师批准开工,签发开工令。

(2)事中控制

①监理工程师对施工现场有目的地进行巡视检查、检测和旁站:

a. 在巡视过程中发现和及时纠正施工中的不符合规范要求并最终导致产品质量不合格的问题;

b. 应对施工过程的关键工序、特殊工序施工完成以后难以检查、存在问题难以返工或返工影响大的重点部位,应进行现场旁站监督、检测;

c. 对所发现的问题应先口头通知承包单位改正,然后应由监理工程师签发《整改通知》;

d. 承包单位应将整改结果书面回复,监理工程师进行复查。

②核查工程预检:

a. 承包单位填写《预检工程检查记录单》报送项目监理部核查;

b. 监理工程师对《预检工程检查记录单》的内容到现场进行抽查;

c. 对不合格的分项工程,通知承包单位整改,并跟踪复查,合格后准予进行下一道工序。

③验收隐蔽工程:

a. 承包单位按有关规定对隐蔽工程先进行自检,自检合格,将《隐蔽工程检查记录》报送项目监理部;

b. 监理工程师对《隐蔽工程检查记录》的内容到现场进行检测、核查;

c. 对隐检不合格的工程,应由监理工程师签发《不合格工程项目通知》,由承包单位整改,合格后由监理工程师复查;

d. 对隐检合格的工程应签认《隐蔽工程检查记录》,并准予进行下一道工序。

按合同规定,行使质量否决权,如有以下情况,可会同建设方下停工令:

a. 施工中出现质量异常情况,经提出后仍不采取改进措施;

b. 隐蔽作业未通过现场监理人员检查,而自行掩盖者;

c. 擅自变更设计图纸进行施工;

d. 使用没有技术合同证的工程材料;

e. 未经技术资质审查人员进入现场施工;

f. 其他质量严重事件;

g. 对施工质量不合格项目,建议拒付工程款,并督促其施工。

④分项工程验收：

a. 承包单位在一个分段分项工程完成并自检合格后，填写《分项/分部工程质量报验认可单》报项目监理部；

b. 监理工程师对报验的资料进行审查，并到施工现场进行抽检、核查；

c. 对符合要求的分项工程由监理工程师签认，并确定质量等级；

d. 对不符合要求的分项工程，由监理工程师签发《不合格工程项目通知》，由承包单位整改；

e. 经返工或返修的分项工程应按质量评定标准进行再评定和签认；

f. 安装工程的分项工程签认，必须在施工试验、检测完备、合格后进行；

⑤分部工程验收：

a. 承包单位在分部工程完成后，应根据监理工程师签认的分项工程质量评定结果进行分部工程的质量等级汇总评定，填写《分项/分部工程质量报验认可单》，并附《分部工程质量检验评定表》，报项目监理部签认；

b. 单位工程基础分部已完成，进入主体结构施工时，或主体结构完，进入装修前应进行基础和主体工程验收，承包单位填写《基础/主体工程验收记录》申报，并由总监理工程师组织建设单位、承包单位和设计单位共同核查承包单位的施工技术资料，并进行现场质量验收，由各方协商验收意见，并在《基础/主体工程验收记录》上签字认可。

（3）事后控制

①分项、分部、单位工程的质量检查评定验收。对符合设计、验收规范所提出的质量要求的各分项工程，项目监理部对所有已完成工序的隐蔽工程进行验收，评定已完成分项工程的质量等级，并签署验收意见，验收频率为100%。

以分项工程质量等级为基础，进行分部工程的质量等级评定。项目监理部对已完成的分部工程进行抽样检测，抽样频率不小于25%。对重要的分部工程，项目监理部将进行100%的检查验收。以分部工程质量等级为基础，进行单位工程的质量等级评定。项目监理部对单位工程进行全面的工程质量检测，并提出监理评价意见。以单位工程质量等级为基础，进行建设项目的质量等级评定。

②质量问题和质量事故处理：

a. 监理工程师对施工中的质量问题除在日常巡视、重点旁站、分项、分部工程检验过程中解决外，可针对质量问题的严重程度分别处理。

b. 对可以通过返修弥补的质量缺陷，应责成承包单位先写出质量问题调查报告，提出处理方案；监理工程师审核后（必要时经建设单位和设计单位认可），批复承包单位处理；处理结果应重新进行验收。

c. 对需要返工处理或加固补强的质量问题，除应责成承包单位先写出质量问题调查报告，提出处理意见外；总监理工程师应签发《工程部分暂停指令》，再与建设单位和设计单位研究，设计单位提出处理方案，批复承包单位处理；处理结果应重新进行验收。

d. 监理工程师应将完整的质量问题处理记录归档。施工中发现的质量事故，承包单位应按有关规定上报处理；总监理工程师应书面报告业主及监理单位。

e. 监理工程师应对质量问题和质量事故的处理结果进行复查。

## 【知识拓展】

### 质量事故等级

工程质量事故是指由于建设、勘察、设计、施工、监理等单位违反工程质量有关法律法规和工程建设标准，使工程产生结构安全、重要使用功能等方面的质量缺陷，造成人身伤亡或者重大经济损失的事故。根据工程质量事故造成的人员伤亡或者直接经济损失，工程质量事故分为4个等级：

(1)特别重大事故，是指造成30人以上死亡，或者100人以上重伤，或者1亿元以上直接经济损失的事故；

(2)重大事故，是指造成10人以上30人以下死亡，或者50人以上100人以下重伤，或者5 000万元以上1亿元以下直接经济损失的事故；

(3)较大事故，是指造成3人以上10人以下死亡，或者10人以上50人以下重伤，或者1 000万元以上5 000万元以下直接经济损失的事故；

(4)一般事故，是指造成3人以下死亡，或者10人以下重伤，或者100万元以上1 000万元以下直接经济损失的事故。

本等级划分所称的"以上"包括本数，所称的"以下"不包括本数。

建设工程发生质量事故，有关单位应在24 h内向当地建设行政主管部门和其他有关部门报告。重大质量事故的处理职责为：

一、二级重大事故由省、自治区、直辖市建设行政主管部门牵头，提出处理意见，报当地人民政府批准。

三、四级重大事故由事故发生地的市县级建设行政主管部门牵头，提出处理意见，报当地人民政府批准。

凡事故发生单位属于国务院部委的，由国务院有关主管部门或其授权部门会同当地建设行政主管部门提出处理意见，报请当地人民政府批准。

任何单位和个人对建设工程的质量事故、质量缺陷都有权检举、控告、投诉。

## 5.建筑工程质量管理与控制重点

①关键工序和特殊过程：包括质量保证计划中确定的关键工序，施工难度大、质量风险大的重要分项工程。

②质量缺陷：针对不同专业工程的质量通病制订保证措施。

③施工经验较差的分项工程：应制定专项施工方案和质量保证措施。

④新材料、新技术、新工艺、新设备：制订技术操作规程和质量验收标准，并应按规定报批。

⑤实行分包的分项、分部工程：应制订质量验收程序和质量保证措施。

⑥隐蔽工程：实行监理的工程应严格执行分项工程验收制；未实行监理的工程应事先确定验收程序和组织方式。

## 【案例分析】

### [案例1]

在某工程中，承包商承包了设备基础的土建和设备的安装工程。按合同和施工进度计划规定:在设备安装前3 d,基础土建施工完成,并交付安装场地;在设备安装前3 d,业主应负责将生产设备运送到安装现场,同时由工程师、承包商和设备供应商一齐开箱检验;在设备安装前15 d,业主应向承包商交付全部的安装图纸;在安装前,安装工程小组应做好各种技术的和物资的准备工作等。这样对设备安装这个事件可以确定它的前提条件,而且各方面的责任界限十分清楚。

**[案例2]**

某监理企业与建设单位签订了某钢筋混凝土结构工程施工阶段的监理合同,监理组织机构设总监理工程1人和专业监理工程师若干人,专业监理工程例行在现场检查、旁站实施监理工作。在监理过程中,发现以下一些问题:

1.某层钢筋混凝土墙体由于绑扎钢筋困难,无法施工,承包商未通报监理工程就把墙体钢筋门洞移动了位置。

2.某层钢筋混凝土柱,钢筋绑扎已检查、签证,模板经过预检预收,浇筑混凝土时及时发现模板胀模。

3.某层钢筋混凝土墙体,钢筋绑扎后未经检查验收,擅自合模封闭,正准备浇筑混凝土。

4.某层楼板钢筋经监理工程师检查签证后,即进行浇筑楼板混凝土,混凝土浇筑完后,发现楼板中设计的预埋电线暗管,未通知电气专业监理工程师检查签证。

5.承包商把地下室内防水工程分包给一专业防水施工单位施工,该分包单位未经资质验证认可,就进行施工,并已进行了200 m² 的防水工程。

6.某层钢筋骨架焊接正在进行中,监理工程师检查发现两人未经技术资质审查认可。

7.某楼层一户住房房间钢门框经检查符合设计要求,日后检查发现门销已经焊接,门扇反向,经检查施工符合设计图纸要求。

**问题:**

以上各项问题监理工程师应如何处理?

**参考答案:**

1.指令停工。组织设计和承包商共同研究处理方案,如需变更设计,指令承包商变更后的设计图施工,否则审核承包商新的施工方案,指令承包商按原图施工。

2.指令停工,检查胀模原因,指示承包商加固处理,经检查认可,通知继续施工。

3.指令停工,下令拆除封闭模板,使满足检查要求,经检查认可,通知复工。

4.指令停工,进行隐蔽工程检查,若隐检合格,签证复工,若隐检不合格,下令返工。

5.指令停工,检查分包单位资质。若审查合格,允许分包单位继续施工;若审查不合格,指令承包商令分包单位立即退场。无论分包单位资质是否合格,均应对其已施工完的200 m² 防水工程进行质量检查。

6.通知该两名电焊工立即停止操作,检查其技术资质证明。若审查认可,可继续进行操作;若无技术资质证明,不得再进行电焊操作,对其完成的焊接部分进行质量检查。

7.报告建设单位,与设计单位联系,要求更正设计,指示承包商按更正后的图纸返工,所造成的损失,应给予承包商补偿。

**[案例3]**

某监理公司承担了100 m 长的高速公路工程监理任务。由于施工现场和某些技术的原因,在施工过程中发生了几次工程变更。其中一项变更是由承包商提出的对基坑开挖边坡的修改。

此项变更经专业监理工程师批准后,总监理工程师发布变更指令后实施。

**问题:**

1.工程变更可由哪些单位提出?

2.专业监理工程师批准的对基坑开挖边坡的修改变更是否有效? 如无效,应由谁批准才有效?

3.基坑开挖边坡的修改是属于技术修改问题,此问题一般由谁组织? 哪些单位代表参加?

4.如果是建设单位提出的变更,是否需总监理工程师发布变更指令?

5.如果变更涉及结构主体及安全时,该工程变更应报送哪个单位进行审批后才可实施?

6.《工程变更单》是否由总监理工程师签发? 工程变更引起的工期改变及费用的增减应如何进行协商?

**参考答案:**

1.工程变更可由建设单位、设计单位和施工承包商提出。

2.专业监理工程师批准的对基坑开挖边坡的修改变更无效。应由总监理工程师批准后方可有效。

3.技术修改问题一般由专业监理工程师组织,承包商和现场设计代表参加。

4.建设单位提出的变更需总监理工程发布变更指令。

5.如变更涉及结构主体和安全,该工程变更还要按有关规定报送施工图原审查单位进行审批,否则变更不能实施。

6.《工程变更单》是由总监理工程师签发。工程变更引起的工期改变及费用增减时,总监理工程师应分别与建设单位和承包商协商,力求达成双方能满意的结果。

## [案例4]

某主体工程进行到第二层时,该层的100根钢筋混凝土柱已浇筑完成和拆模后,监理人员发现混凝土外观质量不良,表面酥松,怀疑其混凝土强度不够,设计要求混凝土抗压强度达到C20的等级,于是要求承包商出示有关混凝土质量的检验与试验资料和其他证明材料。承包商向监理企业出示其对9根桩施工时,混凝土抽样的检验和试验结果,表明混凝土抗压强度值(28 d 强度)全部达到或超过 C20 的设计要求,其中最大值达到了 C30 即 30 MPa。

**问题:**

1.你作为监理工程师应如何判断承包商这批混凝土结构施工质量是否达到要求?

2.如果监理企业组织复核性检验结果证明该批混凝土全部未达到C20 的设计要求,其中最小值仅有 C10,应采取什么处理决定?

3.如果承包商承认他所提交的混凝土检验和试验结果,不是按照混凝土检验和试验规程和规定在现场抽取试样和进行试验的,而是在实验室内按照设计提出的最优配合比进行配置和制取试件后的试验结果,对于这起质量事故,监理工程师应该承担什么责任? 承包商应承担什么责任?

4.如果查明发现的混凝土质量事故,主要是由于建设单位提供水泥质量问题导致混凝土强度不足,而且在建设单位采购及向承包商提供这批水泥,均未向监理工程师咨询和提供有关信息,协助监理企业掌握材料质量和信息。虽然监理企业和承包商都按规定对建设单位提供的材料进行了进货抽样检验,并根据检验结果确认其合格而接受。试问在这种情况下,建设单位及监理企业应承担什么责任?

参考答案：

1. 作为监理工程师为了确切判断混凝土的质量是否合格，应当组织自身检查力量或聘请有权威的第三方检测机构，或承包商在监理企业的监督下，对第二层主体结构的钢筋混凝土柱，用钻芯取样的方法，进行抗压强度试验，取得混凝土强度的数据，进行分析和鉴定。

2. 采取全部返工重做的处理决定，以保证主体结构的质量。承包商应承担为此所付的全部费用。

3. 承包商不按合同标准、规范及设计要求进行施工和质量检验与试验，应承担工程质量责任，承担返工处理的一切有关费用和工期损失责任，监理企业未能认真严格地对承包商的混凝土施工和检验工作进行监督、控制，使承包商的施工质量得不到严格及时的控制和发现，以致出现严重的质量问题，造成重大经济损失和工期拖延，属于严重失误，监理企业应承担不可推卸的间接责任，并应按合同的约定给予罚金。

4. 建设单位向承包商提供了质量不合格的水泥，导致出现严重的混凝土质量问题，建设单位应承担其质量责任，承担质量处理的一切费用，判令承包商延长工期。监理企业和承包商都按规定对水泥等材料质量和施工质量进行了抽样检验和试验，不承担其质量责任。

## [案例 5]

某长输管线项目，在 4 月 29 日一段管道在下沟前试压时，监理发现紧靠身边的 $\phi323 \times 7.9$ 的 59163 号钢管有渗漏现象。由于管子制造厂内的在线、离线超声波检查记录均在厂家，经业主到厂家查询，该钢管生产厂家在 2 月 22 日超声波在线探伤手写记录已显示不合格，并有缺陷喷标管号，2 月 27 日人工离线超声波检测手写记录也显示不合格。这一厂家此前在其他长输管道中也有过管道漏检质量事故的记录。这一批钢管约 700 多吨，有的已经焊好并穿越。监造人反映，在厂水压试验时，焊缝位置没有正朝上，保压时间 14 s，渗水量比较小，不易发现。建设单位要求对该批管子生产过程记录彻底检查，施工单位和监理单位在管线焊接、拍片、试压过程中，注意观察有无异常，压力是否稳定。生产厂家要派人参与，并签字确认。业主决定立即对该批钢管的使用单位领用、现场位置追溯，对已焊好和穿越部分先采取施压方式查漏，对未焊和未下沟的管线，由生产厂家逐根检查，并将结果报业主。业主在纪要中指出：厂家应对所提供的材料作出质量承诺，因母材及焊缝质量问题引起的一切损失均由厂家承担。

问题：

从上述情况中我们可以发现哪些问题？应该怎样处理？监理应从中获得哪些启示？（为分析方便，上述未提及的信息均视同没有）

参考答案：

管道监造人没有认真履行职责，对管道在线和离线的超声波探伤发现的问题记录视而不见（假定这些问题确实是有记录的），检查不到位，明知在厂水压试验焊缝位置未朝上、保压时间不够，未能加以处理，具有不可推卸的质量责任。

现场人员用肉眼对于长距离的管线打压时微量渗漏检查效果是无法与无损检测相比的。在厂的检试验是最关键的，此类资料不齐备，监造不应该放行。

从事后才到厂家查找资料看，建设单位对管道厂家的质保资料完整、准确、及时提供要求不严，对监造方工作成果要求不严，施工和监理未能按照《条例》要求规定的程序进行验收，错过了施工前质量验收时发现问题的机会。

仅从事后查找厂家的记录发现问题是不够的,因为厂家如果检测发现问题,又没有任何处置(例如不合格品的处置、不合格品的追回),表明了厂家的质保体系很成问题,诚信很成问题,这些记录当然不足以成为证明其他管道没有问题的依据。所以,有必要对同一来源的管道从材料验收起每一个环节都加强检查,例如,对该批钢管的使用单位领用、现场位置追溯,对已焊好和穿越部分先采取施压方式查漏,对未焊和未下沟的管线,由施工、监理负责逐根检查和由第三方进行其他一些必要的无损检测,增加的费用由生产厂家承担。

监理应从本事件中吸取教训,严格加强对设备材料进场验收,对进场设备材料的质量保证资料应详细核对,重要检试验及合格指标要全面核查,凡有监造的,还要详细检查监造报告和相关检试验记录,防止不合格产品进场。

## [案例6]

某市自来水厂进行扩建,新建沉淀池一座,设计为无盖圆形,直径30 m,池壁应用预制板吊装外缠预应力钢丝结构。A市政公司中标承建项目,并针对工程成立了项目部。项目部组织编写了池壁预制板吊装施工方案,包含工程概况、主要技术措施、安全措施3个方面,工程开工前,项目部技术质量部长组织了图纸会审;并与项目技术负责人根据质量和价格,确定了钢丝供应厂商。在池壁预制板拼装完毕后,板缝采用与池壁预制板强度等级一致的普通混凝土灌注。

**问题:**

1. 池壁预制板吊装施工方案还要补充哪些主要内容?

2. 项目部技术质量部长的做法是否符合要求? 给出正确做法。

3. 指出池壁预制板板缝混凝土灌注不妥之处。

**参考答案:**

1. 尚需补充:吊装进度网络计划,质量保证措施,安全保证措施和文明施工措施等主要内容。

2. 不符合要求。正确做法:应由项目技术负责人主持对图纸的审核,并应形成会审记录,应由项目负责人C经理按施工组织设计中质量计划关于物资采购的规定,经过招标程序选择预应力钢丝供应厂家。

3. 有两点不正确:一是灌注板缝混凝土要采用微膨胀混凝土;二是混凝土强度应大于预制板混凝土强度一个等级。

## [案例7]

云南某公路跨河新建一钢桥,设计为连续梁钢桥,桥台采用钢筋混凝土桥台,桥墩采用军用钢墩,河中桥墩基础采用8根钻孔灌注桩(桩径1.2 m、桩深21 m)。A路桥公司中标承建该项目,并针对工程成立了项目部,监理由B公司承担。项目部组织编写了大桥施工组织设计方案,并报监理,得到了批准。项目部按照施工组织设计进行施工,在施工钻孔灌注桩时发生如下事件,一钻孔灌注桩成孔完成后,项目部质量检查人员进行了自检,合格后报监理组织进行工序验收,验收合格后项目部组织安装钢筋笼、浇筑桩混凝土(水下混凝土)。监理部安排了监理人员进行旁站监理,开始浇筑混凝土时一切正常,旁站监理由于临时有事离开了浇筑现场,旁站监理离开后不久,混凝土浇筑发生堵管事故,在处理过程中导管从混凝土中拔出,如果继续浇筑混凝土就会造成断桩现象,项目部果断决定结束浇筑,吊出钢筋笼,重新成孔,合格后重新浇筑。旁站监理办完事回来后,发现没有浇筑混凝土而是在成孔,问明缘由后就又离开了现场。项目部成孔完成自检合格后,紧接着安装钢筋笼,开始桩的水下混凝土浇筑。旁站监理回来后发现没有经过再次验收就浇筑混凝土,要求项目部立刻停止混凝土浇筑,重新成孔,经验收合格后方可浇筑。项目部技术人员认为我们没有偷工减料,而且严格按照规范要求进行施工,我们的所作所为都是为了保证质量,返工重做说明我们质量有问题,因此我们不能返工。而监理强烈要求返工,为此项目部工程技术人员与监理人员发生了矛盾。

**问题:**

1. 你认为项目部工程技术人员哪些做法是正确的,哪些是错误的?

2. 监理人员哪些做法是正确的? 哪些是错误的?

3. 你认为类似事件应该如何处理?

**参考答案:**

1. 项目部工程技术人员采取果断措施,重新成孔,保证工程质量的做法是正确的。但没有按照验收程序对返工后的工序进行重新组织验收的做法是不对的。工程质量验收规范规定,对不合格产品返工重做的,要重新组织验收,验收合格后方可组织下道工序的施工。所以只自检合格还不够,还应该经监理验收通过。

2. 工程监理人员按照规范规定严格要求,按照验收程序办事的做法应予以肯定。但作为旁站监理应对隐蔽工程施工全过程进行监督管理,此案例我们可以看出,监理一会儿在现场一会儿不在,承包商会错误认为刚开始时我们已经验收了,后续的工作只要和监理汇报一下工程施工进展情况就行了,这样做可以减少很多麻烦。作为监理没有尽到旁站的责任。

3. 为了不发生此类问题,加强教育,使得承包商和监理都能按照程序办事,减少不必要的误会。另外各方要加强沟通,相互理解,达到保质保量的最终目标。

## [案例 8]

在某一国际工程中,工程师向承包商颁发了一份图纸,图纸上有工程师的批准及签字。但这份图纸的部分内容违反本工程的专用规范(即工程说明),待实施到一半后工程师发现这个问题,要求承包商返工并按规范施工。承包商就返工问题向工程师提出索赔要求,但被工程师否定。

**问题:**工程师批准颁布的图纸,如果与合同专用规范内容不同,它能否作为工程师已批准的有约束力的工程变更?

**参考答案:**

①在国际工程中通常专用规范是优先于图纸的,承包商有责任遵守合同规范。

②如果双方一致同意,工程变更的图纸是有约束力的。但这一致同意不仅包括图纸上的批准意见,而且工程师应有变更的意图,即工程师在签发图纸时必须明确知道已经变更,而且承包商也清楚知道。如果工程师不知道已经变更(仅发布了图纸),则不论出于何种理由,他没有修改的意向,这个对图纸的批准没有合同变更的效力。

③承包商在收一个与规范不同的或有明显错误的图纸后,有责任在施工前将问题呈交给工程师(见本节前面的分析)。如果工程师书面肯定图纸变更,则就形成有约束力的工程变更。而在本例中承包商没有向工程师核实,则不能构成有约束力的工程变更。鉴于以上理由,承包商没有索赔理由。

**[案例9]**

在一房地产开发项目中,业主提供了地质勘察报告,证明地下土质很好。承包商做施工方案时,用挖方的余土作为通往住宅区道路基础的填方。由于基础开挖施工时正值雨季,开挖后土方潮湿,且易碎,不符合道路填筑要求。承包商不得不将余土外运,另外取土作道路填方材料。对此承包商提出索赔要求。工程师否定了该索赔要求,理由是填方的取土作为承包商的施工方案,它因受到气候条件的影响而改变,不能提出索赔要求。

问题:

在本案例中即使没有下雨,而因业主提供的地质报告有误,地下土质过差不能用于填方,承包商能否因为另外取土而提出索赔要求?

参考答案:

在本案例中即使没有下雨,而因业主提供的地质报告有误,地下土质过差不能用于填方,承包商也不能因为另外取土而提出索赔要求。因为:

①合同规定承包商对业主提供的水文地质资料的理解负责。而地下土质可用于填方,这是承包商对地质报告的理解,应由他自己负责。

②取土填方作为承包商的施工方案,也应由他负责。

**[案例10]**

某厂敷设一条管径为DN250的管道,输送0.6 MPa的蒸汽到1 450 m外的小区热力站。经招标选择A公司负责承建。A公司因焊工不足,将管道焊接施工分包给B公司。在试运行时,该管线出现了质量事故(事故情况略),依据事故调查和经有资质单位检测并出具报告,表明有一个焊口被撕裂,判断为焊接质量不合格。

问题:

1. A公司的分包做法是否符合规定?为什么?

2. 从质量事故分析A公司和B公司在质量控制上的责任。

3. 质量事故调查都应包括哪些主要内容?

参考答案:

1. A公司的分包做法不符合规定。因为:a. 实行分包的工程,应是合同文件中规定的工程的部分;b. 就该工程而言,管道是工程项目的关键分项工程。依据我国《合同法》和《建设法》该工程项目的管道焊接不能分包。

2. 检测报告表明:一个焊口不合格,说明A公司和B公司在质量控制上对重点工序焊接质量失控,在人、材料、机械、方法、环境等质量因素没有处于受控状态。A公司对工程施工质量和质量保修工作向发包方负责。分包工程的质量由B公司向A公司负责。A公司对B公司的质量事故向发包方承担连带责任。

3. 调查内容包括:对事故进行细致的现场调查,包括发生的时间、性质、操作人员、现况及发展变化的情况,充分了解与掌握事故的现场和特征;收集资料,包括所依据的设计图纸、使用的施工方法、施工工艺、施工机械、真实的施工记录、施工期间环境条件、施工顺序及质量控制情况等,摸清事故对象在整个施工过程中所处的客观条件;对收集到的可能引发事故的原因进行整理,按"人、机、料、法、环"5个方面的内容进行归纳,形成质量事故调查的原始资料。

**[案例 11]**

A 公司中标某城市燃气管道工程，其中穿越高速公路段管道敷设在钢筋混凝土套管内；套管内径为 2.2 m，管顶覆土厚度大于 6 m，采用泥水平衡顶管机施工，顶管长度 98 m。路两侧检查井兼作工作井，采用锚喷倒挂法施工。单节混凝土管长 2 m，自重 10 t，拟采用 20 t 吊车下管。开顶前，A 公司项目主管部门对现场施工准备检查中，发现以下情况：

①项目部未能提供工作井施工专项方案和论证报告。

②施工现场有泥浆拌和、注浆设备，但未见施工方案中的泥浆处理设施；现场施工负责人回答泥浆拟全部排入附近水沟。

③顶管机械是租来的设备，并配备一名操作手；现场未见泥水平衡顶管作业指导书。

**问题：**

1. 该工程的工作井施工是否要编制专项方案？

2. 项目部拟将泥浆排入水沟的做法可行吗？ 说明理由。

3. 现场未见到泥水平衡顶管作业指导书，说明项目部技术质量管理存在哪些问题？

**参考答案：**

1. 必须编制施工专项方案。因为管顶覆土加上混凝土管和井底板，工作井基坑接近 9 m 深。依据《危险性较大的分部分项工程安全管理办法》规定：开挖深度超过 5 m（含 5 m）的基坑（槽）的土方开挖、支护应编制专项方案并组织专家论证。

2. 不可行。泥浆处理是市政公用工程施工文明施工和环境保护的重要内容，含有有害物质的泥浆不能直接排入水体和市政管道。此外，泥浆处理是选择泥水平衡顶管方式的决定因素之一，也是顶管施工方案的重要组成部分。改变处理方式必须办理施工方案变更手续。

3. 租用顶进设备和操作人员，说明工程施工项目或所属企业缺少类似的施工经验，在技术质量管理上应安排试验掌握施工技术和质量控制要点；并应将泥水顶管施工作为特殊过程列入该项目质量计划。特殊过程的控制，除应执行一般过程控制的规定外，还应由专业技术人员编制专门的作业指导书。编制的作业指导书，应经项目部或企业技术负责人审批后执行。

**[案例 12]**

某城市供热管道工程，DN500，长 4.6 km，碳素钢管；敷设中有几处为穿越河流的水下管道，有一处穿越铁路（非专用线）干线，个别管道焊缝不具备水压试验条件；设计要求对管道焊缝质量用超声和射线两种方法进行无损探伤检验。

**问题：**

1. 热力管道焊缝质量检验应怎样进行？ 本案例中哪些焊口应 100% 作无损探伤检验？

2. 如该管道有返修后的焊缝，无损探伤检验有什么要求？

3. 某管段焊缝用超声波探伤检验合格，用射线探伤检验却不合格，该管道焊缝是否合格？

**参考答案：**

1. 按《城镇供热管网工程施工及验收规范》（CJJ 28）规定，热力管道焊缝质量检验应按对口质量检验、表面质量检验、无损探伤检验、强度和严密性试验的次序进行。本案例中钢管与设备、管件连接处的焊缝，管线折点处现场焊接的焊缝，穿越河流、铁路和不具备水压试验条件管段的焊口要作 100% 的无损探伤检验。

2. 对检验不合格的焊缝必须返修至合格，但同一部位焊缝的返修次数不得超过两次；除对不合格焊缝进行返修外,还应对形成该不合格焊缝的焊工所焊的其他焊缝按规定的检验比例、检验方法和检验标准加倍抽检,仍有不合格时,对该焊工所焊的全部焊缝进行无损探伤检验。

3.不合格。按《城镇供热管网工程施工及验收规范》(CJJ 28)规定,当使用超声波和射线两种方法进行无损探伤检验时,只要其中有一种探伤检验不合格,该道焊缝即判定为不合格。

# 模块 3  建筑工程安全管理案例

## 【学习要点】

学生应掌握以下安全控制的基础理论知识：

建筑工程安全控制的任务主要是贯彻落实国家有关安全生产的方针、政策，督促施工承包单位按照建筑施工安全生产的法规和标准组织施工，落实各项安全生产的技术措施，消除施工中的冒险性、盲目性和随意性，减少不安全的隐患，杜绝各类伤亡事故的发生，实现安全生产。

①五类安全事故：高处坠落、物体打击、触电、机械伤害、坍塌。

②安全控制四大重点：人的不安全行为、物的不安全状态、作业环境的不安全因素、管理缺陷。

③安全管理"六关"：措施关、交底关、教育关、防护关、检查关、改进关。

④施工安全风险识别与预防措施：危险源识别与防范、应急救援措施。

⑤安全事故的分类：特别重大事故、重大事故、较大事故、一般事故。

⑥安全事故的处理：事故应急救援、事故报告、事故调查。

## 【知识讲解】

### 1. 安全生产管理的基本概念

安全生产是指企事业单位在劳动生产过程中的人身安全、设备和产品安全，以及交通运输安全等。

"安全生产"这个概念，一般意义上讲，是指在社会生产活动中，通过人、机、物料、环境、动物的和谐运作，使生产过程中潜在的各种事故风险和伤害因素始终处于有效控制状态，切实保护劳动者的生命安全和身体健康。也就是说，为了使劳动过程在符合安全要求的物质条件和工作秩序下进行的，防止人身伤亡财产损失等生产事故，消除或控制危险有害因素，保障劳动者的安全健康和设备设施免受损坏、环境免受破坏的一切行为。

安全生产是安全与生产的统一，其宗旨是安全促进生产，生产必须安全。搞好安全工作，改善劳动条件，可以调动职工的生产积极性；减少职工伤亡，可以减少劳动力的损失；减少财产损失，可以增加企业效益，无疑会促进生产的发展；而生产必须安全，则是因为安全是生产的前提条件，没有安全就无法生产。

安全生产管理就是针对人们在安全生产过程中的安全问题，运用有效的资源，发挥人们的智慧，通过人们的努力，进行有关决策、计划、组织和控制等活动，实现生产过程中人与机器设备、物料环境的和谐，达到安全生产的目标。

通常建筑工程安全生产管理是指建设行政主管部门、建筑安全监督管理机构、建筑施工企业及有关单位对建筑安全生产过程中的安全工作，进行计划、组织、指挥、控制、监督、调节和改进等一系列致力于满足生产安全的管理活动。

## 2. 安全生产基本原则

(1)"管生产必须管安全"的原则

(2)"安全具有否决权"的原则

(3)"三同时"原则

基本建设项目中的职业安全、卫生技术和环境保护等措施和设施,必须与主体工程同时设计、同时施工、同时投产使用的法律制度的简称。

(4)"五同时"原则

企业的生产组织及领导者在计划、布置、检查、总结、评比生产工作的同时,同时计划、布置、检查、总结、评比安全工作。

(5)"四不放过"原则

事故原因未查清不放过,当事人和群众没有受到教育不放过,事故责任人未受到处理不放过,没有制订切实可行的预防措施不放过。"四不放过"原则的支持依据是《国务院关于特大安全事故行政责任追究的规定》(国务院令第302号)。

(6)"三个同步"原则

安全生产与经济建设、深化改革、技术改造同步规划、同步发展、同步实施。

## 3. 施工安全风险识别与预防措施

### 1)安全控制重点

按照国家标准《企业职工伤亡事故分类》(GB 6441)的规定,我国将职业伤害事故分成20类,主要有:物体打击、车辆伤害、机械伤害、起重伤害、触电、淹溺、灼烫、火灾、高处坠落、坍塌、冒顶片帮、透水、放炮、火药爆炸、瓦斯爆炸、锅炉爆炸、容器爆炸、其他爆炸、中毒和窒息以及其他伤害。其中高处坠落、物体打击、触电、机械伤害、坍塌是建筑工程施工项目安全生产事故的主要风险源。

(1)高处坠落

作业人员从临边、洞口、电梯井口、楼梯口、预留洞口等处坠落;从脚手架上坠落;在安装、拆除龙门架(井字架)、物料提升机和塔吊过程中坠落;在安装、拆除模板时坠落;吊装结构和设备时坠落。

(2)触电

对经过或靠近施工现场的外电线路没有或缺少防护,作业人员在搭设钢管架、绑扎钢筋或起重吊装过程中,碰触这些线路,造成触电;使用各类电器设备触电;因电线破皮、老化等原因触电。

(3)物体打击

作业人员受到同一垂直作业面的交叉作业中和通道口处坠落物体的打击。

(4)机械伤害

主要是垂直运输设备、吊装设备、各类桩机和场内驾驶(操作)机械对人的伤害。

(5)坍塌

随着城市地下工程的建设发展,施工坍塌事故正在成为另一大伤害事故。施工中发生的坍塌事故主要表现为:现场浇混凝土梁、板的模板支撑失稳倒塌,基坑沟槽边坡失稳引起土石方坍塌,施工现场的围墙及挡墙质量低劣坍落,暗挖施工掌子面和地面坍塌,拆除工程中的坍塌。

施工中人的不安全行为、物的不安全状态、作业环境的不安全因素和管理缺陷是项目职业健康安全控制的重点,必须采取有针对性的控制措施。项目施工中必须把好安全生产"六关",即措施关、交底关、教育关、防护关、检查关、改进关。

2)危险源辨识

按照国家标准《生产过程危险和有害因素分类和代码》(GB/T 13861),危险源可分为6大类:物理性危险和有害因素,化学性危险和有害因素,生物性危险和有害因素,心理、生理性危险和有害因素,行为性危险和有害因素以及其他危险和有害因素等。

危险源主要包括物的障碍、人的失误和环境因素:

①物的障碍是指机械设备、装置、元件等由于性能低下而不能实现预定功能的现象。

②人的失误是指人的行为结果偏离了被要求的标准,而没有完成规定功能的现象。

③环境因素指施工作业环境中的温度、湿度、噪声、振动、照明或通风等方面的问题,会促使人的失误或物的故障发生。

危险源辨识必须根据生产活动和施工现场的特点进行。主要方法有:询问交谈、现场观察、查阅有关记录、获取外部信息、工作任务分析、安全检查表、危险与可操作性研究、事故树分析、故障数分析等。

为使工程项目危险源得到全面、客观辨识,企业和项目应组织全员参与,采用综合评价等方法。

3)安全预防措施

(1)安全技术管理措施

①必须在安全危险源识别、评估基础上,编制施工组织设计和施工方案,制订安全技术措施和施工现场临时用电方案。对危险性较大分部分项工程,编制专项安全施工方案。

②项目负责人、技术负责人和专职安全员应按分工负责安全技术措施和专项方案交底、过程监督、验收、检查、改进等工作内容,应对全体施工人员进行安全技术交底,并签字保存记录。

③技术交底应符合下列规定:

a.单位工程开工前,项目部的技术负责人必须向有关人员进行安全技术交底。

b.结构复杂的分部分项工程施工前,项目部的安全(技术)负责人应进行安全技术交底。

c.项目部应保存安全技术交底记录。

(2)安全教育与培训

①职业健康安全教育是项目安全管理工作的重要环节,是提高全员安全素质、安全管理水平和防止事故实现安全生产的重要手段。按照行业管理及法律规定:项目职业健康安全教育培训率实现100%。

②教育与培训对象包括以下5类人员:

a.项目负责人(经理)、项目生产经理、项目技术负责人:必须经过当地政府或上级主管部门组织的职业健康安全生产专项培训,培训时间不得少于24 h,经考核合格后持"安全生产资质证书"上岗。

b.项目基层管理人员:项目基层管理人员每年必须接受公司职业健康安全生产培训,经考试合格后持证上岗。

c.分包单位负责人、管理人员:接受政府主管部门或总包单位的职业健康安全培训,经考试合格后持证上岗。

d.特种作业人员:必须经过专门的职业健康安全理论培训和技术实际操作训练,经理论和实际操作的双重考核,合格后,持"特种作业操作证"上岗作业。

e.操作工人:新入场工人必须经过三级职业健康安全教育,考试合格后持证上岗。

③教育与培训主要以职业健康安全生产思想、安全知识、安全技能和法制教育4个方面内容为主。主要形式有:

a.三级安全教育:对新工人进行公司、项目、作业班组三级安全教育,时间不少于40 h。三级安全教育由企业安全、劳资等部门组织,经考试合格者方可进入生产岗位。

b.转场安全教育:新转入现场的工人接受转场安全教育,教育时间不少于8 h。

c.变换工种安全教育:改变工种或调换工作岗位的工人必须接受教育,时间不少于4 h,考核合格后方可上岗。

d.特种作业:从事特种作业的人员必须经过专门的安全技术培训,经考试合格取得操作证后方准许独立作业。

e.班前安全活动交底:各作业班组长在每班开工前对本班组人员进行班前安全活动交底。将交底内容记录在专用记录本上,各成员签名。

f.季节性施工安全教育:在雨期、冬期施工前,现场施工负责人组织分包队伍管理人员、操作人员进行季节性安全技术教育,时间不少于2 h。

g.节假日安全教育:一般在节假日到来前进行,以稳定人员思想情绪,预防事故发生。

h.特殊情况安全教育:当实施重大安全技术措施、采用"四新"技术、发生重大伤亡事故、安全生产环境发生重大变化和安全技术操作规程因故发生改变时,由项目负责人(经理)组织有关部门对施工人员进行安全生产教育,时间不少于2 h。

④职工教育与培训档案管理应由企业主管部门统一规范,为每位职工建立《职工安全教育卡》。职工的安全教育应实行跟踪管理。职工调动单位或变换工种时应将《职工安全教育卡》转至新单位。三级安全教育,换岗、转岗安全教育应及时作出相应的记录。

(3)设备管理

①工程项目要严格设备进场验收工作。中小型机械设备由施工员会同专业技术管理人员和使用人员共同验收;大型设备、成套设备在项目部自检自查基础上报请企业有关管理部门,组织企业技术负责人和有关部门验收;塔式或门式起重机、电动吊篮、垂直提升架等重点设备应组织第三方具有相关资质的单位进行验收。检查技术文件包括各种安全保险装置及限位装置说明书、维修保养及运输说明书、产品鉴定及合格证书、安全操作规程等内容,并建立机械设备档案。

②项目部应根据现场条件设置相应的管理机构,配备设备管理人员,设备出租单位应派驻设备管理人员和维修人员。

③设备操作和维护人员必须经过专业技术培训,考试合格后取得相应操作证后,持证上岗。机械设备使用实行定机、定人、定岗位责任的"三定"制度。

④按照安全操作规程要求作业,任何人不得违章指挥和作业。

⑤施工过程中项目部要定期检查和不定期巡回检查,确保机械设备正常运行。

(4)应急救援

①实行施工总承包的由总承包单位统一组织编制建设工程生产安全事故应急预案。

②工程总承包单位和分包单位按照应急预案,各自建立应急救援组织,具备应急救援人员、器材、设备。

③对项目全体人员进行针对性的培训和交底定期组织专项应急演练,并定期进行演练。

④项目部按照应急预案明确应急设备和器材储存、配备的场所、数量,并定期对应急设备和器材进行检查、维护、保养。

⑤应根据应急救援预案演练、实战的结果,对事故应急预案的适宜性和可操作性组织评价,必要时进行修改和完善。

⑥接到紧急信息,及时启动预案,组织救援、抢险。

⑦配合有关部门妥善处理安全事故,并按照相关规定上报。

(5)安全检查

①安全检查的目的是为了消除隐患、防止事故、改善劳动条件及提高员工安全生产意识,安全检查是安全控制工作的重要内容。

②安全检查内容:

a.安全目标的实现程度;

b.安全生产职责的落实情况;

c.各项安全管理制度的执行情况;

d.施工现场安全隐患排查和安全防护情况;

e.生产安全事故、未遂事故和其他违规违法事件的调查、处理情况;

f.安全生产法律法规、标准规范和其他要求的执行情况。

③安全检查的形式与频次。安全检查按组织形式可分为管理层的自查、互查以及对下级管理层的抽查等;按照检查频次可分为日常巡查、专项检查、季节性检查、定期检查、不定期抽查等。

a.日常巡查。工程项目部每天应结合施工动态,实行安全巡查;总承包工程项目部应组织各分包单位每周进行安全检查,每月对照《建筑施工安全检查标准》,至少进行1次定量检查;项目安全员或安全值班人员对工地进行的巡回安全生产检查及班组在班前、班后进行的安全检查等。

b.专项检查。企业或项目部每月应对工程项目施工现场安全职责落实情况至少进行1次检查,并针对检查中发现的倾向性问题、安全生产状况较差的工程项目,组织专项检查。专项检查应结合工程项目进行。如沟槽、基坑土方的开挖、脚手架、施工用电、吊装设备专业分包、劳务用工等安全问题,专业性较强的应由技术负责人组织专业技术人员、专项作业负责人和相关专职部门进行。

c.季节性检查。企业应针对承建工程所在地区的气候与环境特点,组织季节性的安全检查。季节性安全检查是针对施工所在地气候特点,可能给施工带来的危害而组织的安全检查,如雨期的防汛、冬期的防冻等。每次安全检查应由主管生产的领导或技术负责人员带队,由相关的部门联合组织检查。

④安全检查标准与方法。

a. 安全检查标准。

● 可结合工程的类别、特点,依据国家、行业或地方颁布的标准要求执行。

● 依据本单位在安全管理及生产中的有关经验,制订本企业的安全生产检查标准。

b. 安全检查方法:

● 常规检查。常规检查是常见的一种检查方法。通常是由安全管理人员作为检查工作的主体,到作业场所的现场,通过感官或辅助一定的简单工具、仪表等,对作业人员的行为、作业场所的环境条件、生产设备设施等进行的定性检查。安全检查人员通过这一手段,及时发现现场存在的安全隐患并采取措施予以消除,纠正施工人员的不安全行为。

常规检查依靠安全检查人员的经验和能力,检查的结果直接受安全检查人员个人素质的影响。因此,对安全检查人员个人素质的要求较高。

● 安全检查表法。为使检查工作更加规范,将个人的行为对检查结果的影响减少到最小,常采用安全检查表法。

安全检查表(SCL)是事先把系统加以剖析,列出各层次的不安全因素,确定检查项目,并把检查项目按系统的组成顺序编制成表,以便进行检查或评审,这种表就叫做安全检查表。安全检查表是进行安全检查,发现和查明各种危险和隐患,监督各项安全规章制度的实施,及时发现事故隐患并制止违章行为的一个有力工具。

安全检查表应列举需查明的所有可能会导致事故的不安全因素。每个检查表均需注明检查时间、检查者、直接负责人等,以便分清责任。安全检查表的设计应做到系统、全面,检查项目应明确。

● 仪器检查法。机器、设备内部的缺陷及作业环境条件的真实信息或定量数据,只能通过仪器检查法来进行定量化的检验与测量,才能发现安全隐患,从而为后续整改提供信息。因此,必要时需要实施仪器检查。由于被检查的对象不同,检查所用的仪器和手段也不同。

⑤安全检查的工作程序:

a. 准备工作。

● 确定检查的对象、目的、任务。

● 查阅、掌握有关法规、标准、规程的要求。

● 了解检查对象的工艺流程、生产情况,可能出现危险、危害的情况。

● 制订检查计划,安排检查内容、方法、步骤。

● 编写安全检查表或检查提纲。

● 准备必要的检测工具、仪器、书写表格或记录本。

● 挑选和训练检查人员并进行必要的分工等。

b. 实施检查。

● 访谈。通过与有关人员谈话来查安全意识、查规章制度执行情况等。

● 查阅文件和记录。检查设计文件、作业规程、安全措施、责任制度,操作规程等是否齐全,是否有效;查阅相应记录,判断上述文件是否被执行。

● 现场观察。对作业现场的生产设备、安全防护设施、作业环境、人员操作等进行观察,寻找不安全因素、事故隐患,事故征兆等。

- 仪器测量。利用一定的检测检验仪器设备,对在用的设施、设备、器材状况及作业环境条件等进行测量,以发现隐患。

c. 通过分析作出判断。

掌握情况(获得信息)之后,要进行分析、判断和验证。可凭经验、技能进行分析,作出判断,必要时需对所作的判断进行验证,以保证得出正确结论。

d. 及时作出决定进行处理。

作出判断后,应针对存在的问题作出采取措施的决定,即提出隐患整改意见和要求,包括要求进行信息的反馈。

e. 整改落实。

存在隐患的单位必须按照检查组(人员)提出的隐患整改意见和要求落实整改。检查组(人员)对整改落实情况进行复查,获得整改效果的信息,以实现安全检查工作的闭环。

f. 考核与奖惩。

- 对安全检查中发现的问题和隐患,应定人、定时间、定措施组织整改,并跟踪复查。
- 企业和项目部应依据安全检查结果定期组织实施考核,落实奖罚,以促进安全生产管理。

⑥安全检查资料与记录。

a. 项目应设专职安全员负责施工安全生产管理活动必要的记录。

b. 施工现场安全资料应随工程进度同步收集、整理,并保存到工程竣工。

c. 施工现场应保存资料。

- 施工企业的安全生产许可证,项目部专职安全员等安全管理人员的考核合格证,建设工程施工许可证等复印件;
- 施工现场安全监督备案登记表,地上、地下管线及建(构)筑物资料移交单,安全防护、文明施工措施费用支付统计,安全资金投入记录。
- 工程概况表,项目重大危险源识别汇总表,危险性较大的分部分项工程专家论证表和危险性较大的分部分项工程汇总表,项目重大危险源控制措施,生产安全事故应急预案。
- 安全技术交底汇总表,特种作业人员登记表,作业人员安全教育记录表,施工现场检查表。
- 违章处理记录等相关资料。

### 4. 安全事故的分类

1) 伤亡事故的类型

根据 GB 6441—86《企业职工事故分类》规定的伤亡事故类型分轻伤及轻伤事故、重伤及重伤事故、死亡事故及重大死亡事故。

(1)轻伤事故

轻伤事故指一次事故中发生轻伤,如某些器官功能性或器官性轻度损伤,表现为劳动能力轻度或暂时丧失的伤害,受伤职工一般歇工在 1 个工作日以上,但够不上重伤的事故。

(2)轻伤

轻伤指损失 1 个工作日以上(含 1 个工作日),但不超过 105 个工作日的损失伤害。

（3）重伤事故

重伤事故指造成职工肢体残缺或视觉、听觉等器官受到严重损伤，引起人体长期存在功能障碍，丧失或部分丧失劳动能力的事故。该事故一般伴有轻伤，但无人员伤亡。

重伤指损失工作日等于超过 105 日，但小于或等于 6 000 工作日的失能伤害。

（4）死亡事故

死亡事故指一次事故中死亡 1~2 人的事故。

死亡是指损失工作日定为 6 000 日。"损失工作日"的概念，其目的是估价事故在劳动力方面造成的损失。

（5）重大死亡事故

重大死亡事故指一次死亡 3 人以上（含 3 人）的事故。分为 4 个等级。

①一级重大事故：指死亡 30 人以上，或直接经济损失 300 万元以上的重大事故。

②二级重大事故：指死亡 10 人以上，29 人以下，或直接经济损失 100 万元以上，不满 300 万元的事故。

③三级重大事故：指死亡 3 人以上，9 人以下，或重伤 20 人以上，或直接经济损失 30 万元以上，不满 100 万元的事故。

④四级重大事故：指死亡 2 人以下，或重伤 3 人以上，19 人以下，或直接经济损失 10 万元以下，不满 30 万元的事故。

2）工程建设安全事故的类型

工程建设安全事故分为特大、重大、较大和一般事故 4 个等级，施工单位必须在事故发生 1 h 内向县以上建设主管部门汇报，并做好相关的救援工作。

①特别重大事故，是指造成 30 人以上死亡，或者 100 人以上重伤，或者 1 亿元以上直接经济损失的事故。

②重大事故，是指造成 10 人以上 30 人以下死亡，或者 50 人以上 100 人以下重伤，或者 5 000 万元以上 1 亿元以下直接经济损失的事故。

③较大事故，是指造成 3 人以上 10 人以下死亡，或者 10 人以上 50 人以下重伤，或者 1 000 万元以上 5 000 万元以下直接经济损失的事故。

④一般事故，是指造成 3 人以下死亡，或者 10 人以下重伤，或者 1 000 万元以下 100 万元以上直接经济损失的事故。

## 5. 安全事故的处理

一旦建筑工程发生事故，事故现场有关人员应立即向施工单位负责人报告；施工单位负责人应当于 1 h 内向事故发生地县级以上人民政府建设主管部门和有关部门报告。情况紧急时，事故现场有关人员可以直接向事故发生地县级以上人民政府建设主管部门和有关部门报告。建设主管部门逐级上报事故的时间不得超过 2 h。

• 发生人员轻伤、重伤事故，由企业负责人或指定的人员组织施工生产、技术、安全、劳资、工会等有关人员组成事故调查组进行调查。

• 死亡事故由企业主管部门会同现场所在市（或区）劳动部门、公安部门、人民检察院、工会组成事故调查组进行调查。

• 重大伤亡事故应按企业的隶属关系,由省、自治区、直辖市企业主管部门或国务院有关主管部门,公安、监察、检察部门、工会组成事故调查组进行调查,也可邀请有关专家和技术人员参加。

• 特大事故发生后,按照事故发生单位的隶属关系,由省、自治区、直辖市人民政府或者国务院归口管理部门组织特大事故调查组,负责事故的调查工作;涉及军民两个方面的特大事故,组织事故调查的单位应当邀请军队派员参加事故的调查工作。

**事故上报程序流程图**

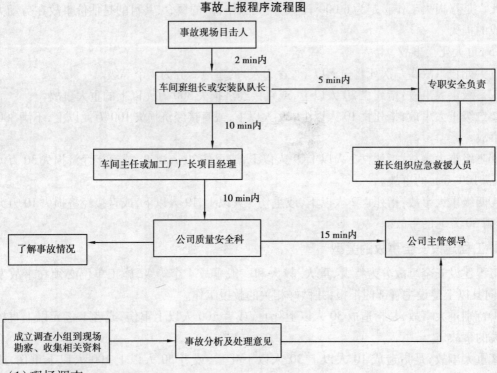

(1)现场调查

①查看事故现场的作业环境状况。

②拍摄、摄录有关的痕迹和物件,绘制有关处理的示意图。

③收集和妥善处理与事故有关的物证。

(2)收集资料

①向有关人员调查事故经过和原因,并做好询问记录。

②有关规章制度及执行情况等资料。

③事故受害人或肇事者过去事故记录和事故前健康状况。

④伤亡人员所受伤害程度的医疗诊断证明或公安部门的验尸报告。

⑤对设备、设施、原材料所作的技术鉴定材料或试验报告。

⑥安全生产责任制落实及有关监督管理情况。

⑦其他资料。

(3)事故分析

①确定事故类别。

②确定事故的直接原因和间接原因。

③根据事故调查组所确认的事实,通过对直接原因和间接原因的分析,确定事故的直接责任者、主要责任者和领导责任者。直接责任者指其行为与事故发生有直接关系的人;主要责任者指其行为对事故发生起主要作用的人;领导责任者指其行为对事故发生负有领导责任的人。

(4)提出处理意见

根据事故后果和事故责任者应负的责任提出处理意见。

(5)拟定改进措施

针对事故原因,提出加强安全生产管理的具体要求。

(6)写出事故调查报告

事故调查报告应包括以下内容:

　　①事故发生的经过及人员伤亡、经济损失情况。

　　②事故现场的抢救、救治情况。

　　③事故发生的直接原因、间接原因、事故的性质及认定依据。

　　④对事故有关责任人员的责任认定和处理意见。

　　⑤事故的教训和防范措施建议。

　　⑥其他需要报告的问题。

事故调查组在调查过程中,必要时可以邀请其他部门的人员参加。

事故调查组对事故原因、责任分析及处理意见不一致时,由上级领导提出结论性的意见决定。

参考资料:

《中华人民共和国安全生产法》《安全生产管理条例》《安全生产许可证条例》《中华人民共和国劳动法》《中华人民共和国建筑法》《建筑工程质量管理条例》。

## 【案例分析】

### [案例1]

某市政工程基础采用明挖基坑施工,基坑挖深为5.5 m,地下水在地面以下1.5 m。坑壁采用网喷混凝土加固。基坑附近有高层建筑物及大量地下管线。设计要求每层开挖1.5 m,即进行挂网喷射混凝土加固。某公司承包了该工程,由于在市区,现场场地狭小,项目负责人(经理)决定把钢材堆放在基坑坑顶附近。为便于出土,把开挖的弃土先堆放在基坑北侧坑顶,然后再装入自卸汽车运出。由于工期紧张,施工单位把每层开挖深度增大为3.0 m,以加快基坑挖土加固施工的进度。

在开挖第二层土时,基坑变形量显著增大,变形发展速率越来越快。随着开挖深度的增加,坑顶地表面出现许多平行基坑裂缝。但施工单位对此没有在意,继续按原方案开挖。当基坑施工至5 m深时,基坑出现了明显的坍塌征兆。项目负责人(经理)决定对基坑进行加固处理,组织人员在坑内抢险,但已经为时过晚,基坑坍塌造成了多人死亡的重大事故,并造成了巨大的经济损失。

**问题:**

1.按照《建筑基坑支护技术规程》(JGJ 120—2012),本基坑工程侧壁安全等级应属于哪一级?

2.本工程基坑应重点监测哪些内容? 当出现本工程发生的现象时,监测工作应作哪些调整?

3. 本工程基坑施工时存在哪些重大工程事故隐患？

4. 项目负责人(经理)在本工程施工时犯了哪些重大错误？

**参考答案：**

1. 基坑工程具有地域性，许多地区对基坑的分类作了规定。《建筑基坑支护技术规程》(JGJ 120—2012)第3.1.3条对基坑侧壁安全等级作了规定：

本工程基坑周围有高层建筑和大量地下管线，如果支护结构破坏、土体失稳或过大变形对周边环境影响很严重，因此，基坑侧壁安全等级应定为一级。

2. 基坑开挖卸载必然引起基坑侧壁水平位移，基坑侧壁水平位移越大，坑后土体变形越大。过大的侧壁水平位移必然会造成建筑物沉降及管线变形。因此，任何环境保护要求高的基坑，侧壁水平位移都是监测的重点。

本工程基坑周围建筑物及地下管线是基坑环境保护的主要内容，其变形也应该是基坑监测的重点。

本工程地下水位在坑底以上，必须采取降水措施。施工时需要监测地下水位，因此，地下水位也应该是监测的重点。

另外，地下水中的承压水对基坑的危害很大，尤其要注意接近坑底的浅层承压水对基坑的影响。如果承压水上面有不透水层，随着基坑开挖，当承压水层上部土重不能抵抗承压水水头压力时，基坑坑底会出现突然的隆起，极容易引起基坑事故。如果坑底存在承压水层时，坑底隆起也是基坑监测的重点内容。但由于基坑开挖施工，直接监测坑底隆起并不容易，可以通过监测埋设在坑底的立柱的上浮来间接监测坑底隆起。

当基坑变形超过有关标准或监测结果变化速率较大时，应加密观测次数。当有事故征兆时，应连续监测。本工程应加密观测次数，如果变形发展较快应连续监测。

3. 本工程施工中存在的重大事故隐患：不按设计要求加大每层开挖深度是引发事故的主要原因之一，基坑设计单位都应该根据其设计时的工况对施工单位的基坑开挖提出要求，不按设计要求施工，在施工时超挖极容易引起基坑事故。在基坑顶大量堆荷是引发基坑事故的另一重要原因，背景介绍未提及考虑这些荷载的安全性设计验算，因此本工程把大量钢材及弃土堆集于坑顶也是重大事故隐患。

4. 对于基坑变形量显著增大，变形发展速率越来越快的现象，施工单位应该对基坑进行抢险，对基坑做必要的加固和卸载，并且应调整设计和施工方案。基坑危险征兆没有引起注意，仍按原方案施工是施工项目负责人(经理)的一大失误。

当基坑变形急剧增加，基坑已经接近失稳的极限状态，种种迹象表明基坑即将坍塌时，项目负责人(经理)应以人身安全为第一要务，人员要及早撤离现场。组织人进入基坑内抢险，造成人员伤亡是项目负责人(经理)指挥的一个重大错误。

## [案例2]

某公司施工项目部承建城市地铁3号标段，包含一段双线区间和一个车站，区间隧道及风道出入口采用暗挖法施工，车站的主体结构采用明开法施工。区间隧道上方为现况道路，路宽22.5 m，道路沿线的地下埋设有雨污水、天然气、电信、热力等管线，另外还有一座公共厕所。隧道埋深15 m左右，并有100 m左右长度内遇有中风化石灰岩。岩层以上分别为黏土2 m，砂卵石5~7 m，粉细砂2 m，粉质黏土3 m，回填土2~2.5 m。施工日志记录如下事件：

①设计文件提供的相关地下管线及其他构筑物的资料表明：隧道距所有地下管线的垂直净距都在 3.5 m 以上，经过分析，项目部认为地下管线对暗挖隧道施工的影响不大。但在挖到地面的公共厕所位置时隧道发生塌方。

②隧道基底施工遇有风化岩段，项目部拟采用松动爆破法移除岩石。施工前编制了松动爆破施工专项方案，但在专家评审时被否定，最后采取了机械凿除法施工。

③由于隧道喷射混凝土施工采用干喷方式，没有采用投标施工方案中的湿法喷射混凝土方式，被质量监督部门要求暂停喷射混凝土施工。

④在隧道完成后发现实际长度比工程量清单中长度少 1.5 m。项目部仍按清单长度计量，当被监理发现后要求项目部扣除 1.5 m 的长度。

**问题：**

1. 事件①中最可能引起塌方的原因是什么？
2. 事件②中专家为什么否定爆破法专项方案？
3. 质量监督部门为什么要求暂停喷射混凝土施工？
4. 事件④中监理要求项目部扣除 1.5 m 的隧道长度的做法是否正确，为什么？

**参考答案：**

1. 从背景分析，引起塌方的原因可能是公共厕所的化粪池渗漏。较旧的污水混凝土管线、方沟、化粪池等渗漏情况比较多，致使隧道顶部土体含水量增大引起塌方，所以要特别引起注意。一般情况地下、地上建筑物比较复杂，参考设计资料是一方面，更重要的是核对资料，现场实地调查。正确的方法是：在开工前，首先核对地质资料，现场调查沿线地下管线、各构筑物及地面建筑物基础等情况，并制订保护措施。

2. 因为背景介绍隧道位于城市现况路下，上方有多种管线，采用松动爆破法移除风化岩石应充分考虑爆破风险及其后果的影响。采取机械凿除施工风险较低，且容易控制。项目部原拟施工专项方案选择不当，被专家否定是必然的。

3. 因为采用干法射喷混凝土，方法简单易行，但是工作空间粉尘危害较大；湿法喷射混凝土，需要较严格的施工配合，费用较高，但是可有效减少粉尘污染，符合施工现场预防职业病消除粉尘危害的要求。

质量监督部门要求暂停喷射混凝土施工应主要出于以下考虑：

一是承包方应按投标文件中的施工方案施工，如果需改变施工方案应按有关规定，办理变更手续。

二是采用干法射喷混凝土现场施工粉尘较严重，通风换气装置、除尘设备不符合职业卫生要求或有关规定。

4. 监理要求是正确的。因为根据有关规定：当清单与实际发生的数量不符时，应以实际数量为准，清单中的单价不变。因此，计算工程量应按实际发生的长度，扣除 1.5 m 长度。

## [案例 3]

某工程因抢工期，模板提前拆除。该楼 4 层楼模板在拆除时，没有审批和拆除安全措施，在接近拆完时，突然一大片混凝土楼板掉了下来，将 4 个拆模工人压在下边，经抢救无效全部死亡。

问题：

请判断事故原因。

**参考答案:**

①拆模前没有制订安全措施。

②提前拆模时未审批。

③拆模前没有进行安全技术交底。

④拆模工人安全意识不够。

## [案例4]

天津某公司机械站承担津翔铝型材制品分厂15 m跨屋面梁及大型板吊装,当板(板重1.1 t)吊起约4 m高度时,由于绳断板落,将正在现场作业的起重工刘某和吊车司机李某当场被砸死。后查所使用钢丝绳早就达到报废标准,施工人员无安全教育和安全交底。

**问题:**

请判断事故原因。

**参考答案:**

①违章使用了已经达到报废标准的钢丝绳吊装大型屋面板,是造成这起事故的直接原因。

②机械站管理混乱,缺乏相应的管理制度,已经报废的钢丝绳还在使用。

③对管理和操作人员没有进行应有的安全教育和安全技术交底。

④在吊装作业前,没对各项准备工作作认真检查。

## [案例5]

某报社工地,加夜班浇筑车库条型混凝土基础,一民工将混凝土振荡器接好线后就下班了,当混凝土工把混凝土填到基槽里后,刘某上来拿振荡器,刚拿起振荡器就喊着哎呀……又一木工喊"触电了,快断电源"。另一民工用木棍、铁锹将振荡器电线铲断,刘某才脱离电源,送医院经抢救无效死亡。

**问题:**

请判断事故原因。

**参考答案:**

①振荡器的电源线和工作零线接反了,使外壳带电,而开关箱中又没有安装漏电保护器,当刘某手拿振荡器时,触电死亡,这是造成事故的直接原因。

②工地没设专职维修电工,而使用了一位不懂电的民工充当电工。

③工地管理不到位,夜班施工没有安排维修电工值班。

④工地没有对民工进行安全教育,所以当发生触电事故时,民工不去拉闸断电,而是违章用木把的铁锹将电源线铲断。

## [案例6]

某沿海城市电力隧道内径为3.8 m,全长4.9 km,管顶覆土厚度大于5 m,采用顶管法施工,合同工期1年,检查井兼作工作坑,采用现场制作沉井下沉的施工方案。电力隧道沿着交通干道走向,距交通干道侧右边最近处仅2 m左右。离隧道轴线8 m左右,有即将入地的高压线,该高压线离地高度最低为15 m。单节混凝土管长2 m,自重11 t,采用20 t龙门吊下管。隧道穿越一个废弃多年的污水井。上级公司对工地的安全监督检查中,有以下记录:

①项目部对本工程作了安全风险源分析,认为主要风险源为高空作业,地面交通安全和隧道内施工用电,并依此制订了相应的控制措施。

②项目部编制了安全专项施工方案,分别为施工临时用电组织设计,沉井下沉施工方案。

③项目部制订了安全生产验收制度。

**问题:**

1. 该工程还有哪些安全风险源未被辨识? 对此应制订哪些控制措施?

2. 项目部还应补充哪些安全专项施工方案? 说明理由。

3. 针对本工程,安全验收应包含哪些项目?

**参考答案:**

1. 隧道内尚有有毒有害气体,以及高压电线电力场未被辨识。为此必须制订有毒有害气体的探测、防护和应急措施;必须制订防止高压电线电力场伤害人身及机械设备的措施。

2. 应补充沉井制作的模板方案和脚手架方案,补充龙门吊的安装方案。

理由:本案中管道内径为 3.8 m,管顶覆土大于 5 m,故沉井深度将到达 10 m 左右,现场预制即使采用分 3 次预制的方法,每次预制高度仍达 3 m 以上,必须搭设脚手架和模板支撑系统。因此,应制订沉井制作的模板方案和脚手架方案,并且注意模板支撑和脚手架之间不得有任何联系。本案中,隧道用混凝土管自重大,采用龙门吊下管方案,按规定必须编制龙门吊安装方案,并由专业安装单位施工,安全监督站验收。

3. 本工程安全验收应包括以下内容:

沉井模板支撑系统验收、脚手架验收、临时施工用电设施验收、龙门吊安装完毕验收、个人防护用品验收、沉井周边及内部防高空隧落系列措施验收。

## [案例7]

某市政公司是国家施工总承包一级资质的施工企业,在岗人员 862 人。其中,各级专业技术人员 212 人,受国家安全生产管理局发证的安全管理人员(含经理、副经理、总工、副总工、项目经理等)68 人,专职安监人员 43 人。公司设职能处室 12 个,项目部 10 个。项目部分设国内各地,部分分项工程由具备资质单位分包。

公司施工生产的特点是:野外施工,环境复杂多变,劳动环境较差,危险性大,特种作业较多,属劳动密集型企业。施工工程中的风险主要有深基坑作业、物体打击、高处坠落、爆破和触电伤害。

公司于 2003 年 5 月开始推行职业健康安全管理体系。

**问题:**

1. 该公司的危险源辨识风险评价应包括哪些范围?

2. 对运行控制,该公司至少需要制订哪些方面的职业健康安全控制程序?

3. 简述公司和项目部在职业健康安全管理体系的主要分工。

**参考答案:**

1. 问题 1:

①常规和施工方案需特批的作业活动。

②所有进入施工现场人员的活动。

③作业场所内的所有设备、设施。

④现场施工器具、劳动防护用品的使用。

⑤饮食健康与生活卫生。

2.问题2：

①《安全技术措施管理程序》。

②《分包工程安全管理程序》。

③《特殊作业管理程序》。

④《施工机具安全管理程序》。

⑤《施工现场交通安全管理程序》。

⑥《爆破物品管理程序》。

⑦《消防安全管理程序》。

⑧《劳动防护用品管理程序》。

⑨《职工食堂卫生管理程序》。

3.问题3：

①企业应负责职业健康安全管理体系建立、运行和持续改进,对施工项目部运行应负责指导、监督,帮助项目部建立、实施并保持职业健康安全管理体系。

②施工项目部应建立适用于项目全过程的管理和控制措施(规定),结合分包工程的特点和需要制订适宜的职业健康安全保证计划,纳入项目部的管理体系。

## [案例8]

某市政公司是集施工及生产为一体的具备国家总承包一级资质的施工企业。公司设有总经理办公室、工程部、安全部、技术质量部等9个职能部室。公司所属有机械加工厂、沥青生产厂、材料设备租赁站、中心试验室等分公司和7个施工项目部。全公司现有员工2 682人,其中有高级技术职称75人、中级技术职称346人。

该公司认证通过了企业环境管理体系,于2009年7月进行内部评审。评审中发现管理上存在下列主要问题:

①两个生产厂过多地承担了企业体系管理的责任。

②第4施工项目部在现场文明施工管理上存在不闭合现象,施工所在地街道管理部门有抱怨。

③部分环境管理人员素质有待提高,环境管理激励机制和奖励力度存在问题。

④施工现场外来单位或人员多,文明施工和环境保护教育不够落实。

**问题:**

1.分析指出该公司企业环境管理体系改进的主要方面。

2.针对主要问题(3),需要如何规范和完善?

3.针对主要问题(4),公司和项目部应如何分工进行改善?程序应包括哪些主要管理内容?

**参考答案:**

1.该企业是集施工及生产为一体的具备国家总承包一级资质的施工企业,企业施工是经营主体,而机械加工厂、沥青生产厂是从属工程施工的,企业环境管理体系应将管理重点放在施工现场文明施工、环境管理方面。市政工程施工项目的文明施工管理应与当地的社区管理有机结合,保持作业环境整洁卫生,尽可能地减少对居民和环境的不利影响,树立企业的施工项目管理良好的社会形象。两个生产厂过多地承担了企业体系管理的责任,不利于企业环境管理长效机制的建立,必须加以改进。

2.问题③反映了企业环境管理体系存在需要规范和完善的问题,建议首先采取以下措施:

①必须建立配套的环境管理绩效及激励制度,责权利基本匹配,促进管理责任到位。

②在管理责任明确细化、职责权限界定清晰基础上,实施奖励与惩罚。

3.问题④反映了施工现场管理的普遍存在问题,建议首先采取以下措施:

①企业均应有明确分包管理制度,建立管理机构,控制和减少外来单位或人员对施工现场管理的不利影响。

②项目部应及时对现场人员进行文明施工和环境保护培训教育,并留有记录。对施工现场管理定期进行评定、考核和总结。

# 模块 4　建筑工程进度控制案例

**【学习要点】**

学生应掌握以下进度控制的基础理论知识：

①工程进度计划编制的方法：横道图法、网络计划。

②进度控制措施：计划控制、保证措施、进度调整。

③进度计划的检查、审核与总结。

**【知识讲解】**

## 1.施工进度计划编制方法的应用

施工进度计划是项目施工组织设计的重要组成部分,对工程履约起着主导作用。编制施工总进度计划的基本要求是:保证工程施工在合同规定的期限内完成;迅速发挥投资效益;保证施工的连续性和均衡性;节约费用、实现成本目标。下面简要介绍施工进度计划编制方法。

1)施工进度计划编制原则

(1)符合有关规定

①符合国家政策、法律法规和工程项目管理的有关规定。

②符合合同条款有关进度的要求。

③兑现投标书的承诺。

(2)先进可行

①满足企业对工程项目要求的施工进度目标。

②结合项目部的施工能力,切合实际地安排施工进度。

③应用网络计划技术编制施工进度计划,力求科学化,尽量在不增加资源条件下,缩短工期。

④能有效调动施工人员的积极性和主动性,保证施工过程中施工的均衡性和连续性。

⑤有利节约施工成本,保证施工质量和施工安全。

2)施工进度计划编制

(1)编制依据

①以合同工期为依据安排开、竣工时间。

②设计图纸、定额材料等。

③机械设备和主要材料的供应及到货情况。

④项目部可能投入的施工力量及资源情况。

⑤工程项目所在地的水文、地质等方面的自然情况。

⑥工程项目所在地资源可利用的情况。

⑦影响施工的经济条件和技术条件。

⑧工程项目的外部条件等。

（2）编制流程

①首先要落实施工组织；其次为实现进度目标，应注意分析影响工程进度的风险，并在分析的基础上采取风险管理的措施；最后采取必要的技术措施，对各种施工方案进行论证，选择既经济又能缩短工期的施工方案。

②施工进度计划应准确、全面地表示施工项目中各个单位工程或各分项、分部工程的施工顺序、施工时间及相互衔接关系。施工进度计划的编制应根据各施工阶段的工作内容、工作程序、持续时间和衔接关系，以及进度总目标，按资源优化配置的原则进行。在计划实施过程中应严格检查各工程环节的实际进度，及时纠正偏差或调整计划，跟踪实施，如此循环、推进，直至工程竣工验收。

③施工总进度计划是以工程项目群体工程为对象，对整个工地的所有工程施工活动提出时间安排表。其作用是确定分部、分项工程及关键工序准备、实施期限、开工和完工的日期。确定人力资源、材料、成品、半成品、施工机械的需要量和调配方案，为项目经理确定现场临时设施、水、电、交通的需要数量和需要时间提供依据。因此，正确地编制施工总进度计划是保证工程施工按合同期交付使用、充分发挥投资效益、降低工程成本的重要基础。

④规定各工程的施工顺序和开、竣工时间，以此为依据确定各项施工作业所必需的劳动力、机械设备和各种物资的供应计划。

（3）工程进度计划方法

常用的表达工程进度计划方法有横道图和网络计划图两种形式。

①采用网络图的形式表达单位工程施工进度计划，能充分揭示各项工作之间的相互制约和相互依赖关系，并能明确反映出进度计划中的主要矛盾。可采用计算软件进行计算、优化和调整，使施工进度计划更加科学，也使得进度计划的编制更能满足进度控制工作的要求。

②采用横道图的形式表达单位工程施工进度计划可比较直观地反映出施工资源的需求及工程持续时间。

## 2. 施工进度计划调控措施

1）施工进度目标控制

（1）总目标及其分解

①总目标对工程项目施工进度控制以实现施工合同约定的竣工日期为最终目标，总目标应按需要进行分解。

②按单位工程分解为交工分目标，制订子单位工程或分部工程交工目标。

③按承包的专业或施工阶段分解为阶段分目标，重大市政公用工程可按专业工程分解进度目标分别进行控制，也可按施工阶段划分确定控制目标。

④按年、季、月分解为时间分目标，适用于有形象进度要求时。

（2）分包工程控制

①分包单位的施工进度计划必须依据承包单位的施工进度计划编制。

②承包单位应将分包的施工进度计划纳入总进度计划的控制范畴。

③总、分包之间相互协调，处理好进度执行过程中的相关关系，承包单位应协助分包单位解

决施工进度控制中的相关问题。

2）进度计划控制与实施

（1）计划控制

①控制性计划。年度和季度施工进度计划，均属控制性计划，确定并控制项目施工总进度的重要节点目标。计划总工期跨越1个年度以上时，必须根据施工总进度计划的施工顺序，划分出不同年度的施工内容，编制年度施工进度计划。并在此基础上按照均衡施工原则，编制各季度施工进度计划。

②实施性计划。月、旬（或周）施工进度计划是实施性的作业计划。作业计划应分别在每月、旬（或周）末，由项目部提出目标和作业项目，通过工地例会协调之后编制。

年、月、旬、周施工进度计划应逐级落实，最终通过施工任务书由作业班组实施。

（2）保证措施

①严格履行开工、延期开工、暂停施工、复工及工期延误等报批手续。

②在进度计划图上标注实际进度记录，并跟踪记载每个施工过程的开始日期、完成日期、每日完成数量、施工现场发生的情况、干扰因素的排除情况。

③进度计划应具体落实到执行人、目标、任务，并制订检查方法和考核办法。

④跟踪工程部位的形象进度，对工程量、总产值、耗用的人工、材料和机械台班等的数量进行统计与分析，以指导下一步工作安排，并编制统计报表。

⑤按规定程序和要求，处理进度索赔。

3）进度调整

①跟踪进度计划的实施并进行监督，当发现进度计划执行受到干扰时，应及时采取调整计划措施。

②施工进度计划在实施过程中进行的必要调整必须依据施工进度计划检查审核结果进行。调整内容应包括：工程量、起止时间、持续时间、工作关系、资源供应。

③在施工进度计划调整中，工作关系的调整主要是指施工顺序的局部改变或作业过程相互协作方式的重新确认，目的在于充分利用施工的时间和空间进行合理交叉衔接，从而达到控制进度计划的目的。

## 3. 施工进度报告的注意事项

简要介绍施工进度计划检查、审核与总结方法。

1）进度计划检查审核

（1）目的

工程施工过程中，项目部对施工进度计划应进行定期或不定期审核。目的在于判断进度计划执行状态，在工程进度受阻时，分析存在的主要影响因素。为实现进度目标有何纠正措施，为计划作出重大调整提供依据。

（2）主要内容

①工程施工项目总进度目标和所分解的分目标的内在联系合理性，能否满足施工合同工期的要求。

②工程施工项目计划内容是否全面,有无遗漏项目。

③工程项目施工程序和作业顺序安排是否正确合理? 是否需要调整? 如何调整?

④施工各类资源计划是否与进度计划实施的时间要求相一致? 有无脱节? 施工的均衡性如何?

⑤总包方和分包方之间,各专业之间,在施工时间和位置的安排是否合理? 有无相互干扰? 主要矛盾是什么?

⑥工程项目施工进度计划的重点和难点是否突出? 对风险因素的影响是否有防范对策和应急预案?

⑦工程项目施工进度计划是否能保证工程施工质量和安全的需要?

2)工程进度报告

(1)目的

①工程施工进度计划检查完成后,项目部应向企业及有关方面提供施工进度报告。

②根据施工进度计划的检查审核结果,研究分析存在的问题,制订调整方案及相应措施,以便保证工程施工合同的有效执行。

(2)主要内容

①工程项目进度执行情况的综合描述。主要内容是:报告的起止期,当地气象及晴雨天数统计;施工计划的原定目标及实际完成情况;报告计划期内现场的主要大事记(如停水、停电、事故处理情况,收到建设单位、监理工程师、设计单位等指令文件情况)。

②实际施工进度图。

③工程变更,价格调整,索赔及工程款收支情况。

④进度偏差的状况和导致偏差的原因分析。

⑤解决问题的措施。

⑥计划调整意见和建议。

3)施工进度控制总结

在工程施工进度计划完成后,项目部应编写施工进度控制总结,以便企业总结经验,提高管理水平。

(1)编制总结时应依据的资料

①施工进度计划。

②施工进度计划执行的实际记录。

③施工进度计划检查结果。

④施工进度计划的调整资料。

(2)施工进度控制总结应包括的内容

①合同工期目标及计划工期目标完成情况。

②施工进度控制经验与体会。

③施工进度控制中存在的问题及分析。

④施工进度计划科学方法的应用情况。

⑤施工进度控制的改进意见。

**【案例分析】**

**[案例1]**

某建设工程为外资贷款项目,业主和承包商按FIDIC《土木工程施工合同条件》签订施工合同。施工合同《专用条件》规定:钢材、木材、水泥由业主供货到现场仓库,其他材料由承包商自行采购。

当工程施工到第5层框架柱钢筋绑扎时,因业主提供的钢筋没到,使该项工作从10月3日至10月16日停工(该项作业的总时差为0)。

10月7日至10月9日因停电、停水使第3层的砌砖停工(该项作业的总时差为4 d)。

10月14日至10月17日因砂浆搅拌机发生故障第1层抹灰迟开工(该项工作的总时差为4 d)。

为此,承包商于10月20日向工程师提交了一份索赔意向书,并于10月25日送交了1份工期、费用索赔计算书和索赔依据的详细材料。其计算书的主要内容如下:

工期索赔:

| a.框架柱扎筋 | 10月3日至10月16日停工, | 计14 d |
|---|---|---|
| b.砌砖 | 10月7日至10月9日停工, | 计3 d |
| c.抹灰 | 10月14日至10月17日迟开工, | 计4 d |

总计请求顺延工期21 d

**问题:**承包商的上述工期索赔是否正确?应予批准的工期索赔为多少天?

**参考答案:**

承包商提出的第一项工期索赔事项是正确的,第二项和第三项索赔不正确,第二项提出的索赔事件虽然是由业主的原因造成的,对事件而言可以要求索赔,但停电、停水使砌砖作业项目的延误时间在总时差为4 d之内,此事件对总工期没有影响,所以不能索赔。第三项事件的延误原因是承包商自己造成的,不管延误多长时间都不应得到索赔。

经过分析只有第一项索赔事件可以索赔,而且该项作业的总时差为0,所以最后的请求顺延工期14 d。

**[案例2]**

某工程由土建工程和设备安装工程两部分组成,业主与某建筑公司和某安装公司分别签订了施工合同和设备安装合同,土建工程包括桩基础,土建承包商将桩基础部分分包给某基础工程公司。桩为预制钢筋混凝土桩共计1 200根,每根的混凝土量0.8 m³,承包商对此所报单价为500元/m³,预制桩由甲方供应,每根价格为350元/根。桩基础按施工进度计划规定从7月10日开工至7月20日结束。在桩基础施工过程中,由于业主方供应的预制桩不及时,使桩基础7月13日才开工,7月13日至18日基础公司的打桩设备出现故障,7月19日至22日出现了属于不可抗力的恶劣天气无法施工。合同约定:业主违约一天应补偿承包方5 000元;承包方违约一天应罚款5 000元。

**问题:**

1.在上述工程拖延中,哪些属于不可原谅的拖期?哪些属于可原谅而不予补偿费用的拖期?哪个属于可原谅但给予补偿费用的拖期?

2.桩基部分的价格为多少？承包方此项应得款为多少？

3.土建承包商应获得的工期补偿和费用补偿各为多少？

4.设备承包商的损失由谁负责承担？应补偿的工期和费用为多少？

**参考答案：**

1.从 7 月 10 日至 12 日共 3 d,属于可原谅且补偿费用的拖期(业主原因)。

从 7 月 13 日至 18 日共 6 d,属于不可原谅的拖期(分包商原因)。

从 7 月 19 日至 22 日共 4 d,属于可原谅但不予补偿费用的拖期(不可抗力原因)。

2.(1)桩基部分价格 $= 1\ 200 \times (0.8\ m^3 \times 500\ 元/m^3 + 350\ 元) = 90$ 万元。

(2)承包方此项应得款：

①可原谅且给予补偿费用的拖期为 3 d,应给承包商补偿 $3 \times 5\ 000\ 元 = 1.5$ 万元。

②不可原谅的拖期共 6 d,对承包商罚款 $6 \times 5\ 000\ 元 = 3.0$ 万元。

③承包商此项应得款 $= 90$ 万元 $-(3 - 1.5)$ 万元 $= 88.5$ 万元。

3.(1)土建承包商应获得的工期补偿为 3 d $+$ 4 d $=$ 7 d。

(2)土建承包商应获得费用补偿为 3 d $\times 5\ 000\ 元/d$　6 $\times 5\ 000\ 元 = -15\ 000\ 元$,即应扣款1.5 万元。

4.(1)设备安装承包商的损失应由业主负责承担。因为设备安装承包商与业主有合同关系,而土建承包商与设备安装承包商无合同关系。

(2)设备安装承包商应获工期为 3 d $+$ 6 d $+$ 4 d $=$ 13 d。

(3)设备安装承包商应获费用补偿为 13 d $\times 5\ 000\ 元/d = 6.5$ 万元。

## [案例 3]

建设单位将一热电厂建设工程项目的土建工程和设备安装工程施工任务分别发包给某土建施工单位和某设备安装单位。经总监理工程师审核批准,土建施工单位又将桩基础施工分包给一专业基础工程公司。

建设单位与土建施工单位和设备安装单位分别签订了施工合同和设备安装合同。在工程延期方面,合同中约定,业主违约一天应补偿承包方 5 000 元人民币,承包方违约一天应罚款5 000元人民币。

该工程所用的桩是钢筋混凝土预制桩,共计 1 200 根。预制桩由建设单位供应。按施工总进度计划的安排,规定桩基础施工应从 5 月 10 日开工至 5 月 20 日完工。但在施工过程中,由于建设单位供应预制桩不及时,使桩基础施工在 5 月 13 日才开工;5 月 13 日至 5 月 18 日基础工程公司的打桩设备出现故障不能施工;5 月 19 日至 5 月 22 日又出现了属于不可抗力的恶劣天气无法施工。

**问题：**

1.在上述工期拖延中,监理工程师应如何处理？

2.土建施工单位应获得的工期补偿和费用补偿各为多少？

3.设备安装单位的损失应由谁承担责任,应补偿的工期和费用是多少？

4.施工单位向建设单位索赔的程序如何？

**参考答案：**

1.对于上述工程拖期,监理工程师可作出如下的处理:

①从5月10日至5月13日共3 d,属于建设单位原因造成的拖期,应给予施工单位工期和费用的补偿。

②从5月13日至5月18日共6 d,属于施工单位自己机械的原因造成的拖期,由施工单位承担发生的费用,工期不予顺延。

③从5月19日至5月22日共4 d,属于不可抗力的原因造成的拖期,施工单位承担发生的费用,工期给予顺延。

2.应予以补偿的具体数额为:土建施工单位应获得的工期补偿为3 d+4 d=7 d。

土建施工单位应获得的费用补偿这3 d×5 000元/d−6 d×5 000元/d=−15 000元,即应扣款1.5万元。

3.设备安装单位的损失应由建设单位负责。因为设备安装单位与建设单位有合同关系,它与土建施工单位无合同关系。设备安装单位应获工期补偿3 d+6 d+4 d=13 d。应获费用补偿为13 d×5 000元/d=65 000元。

4.施工单位可按下列程序以书面形式向建设单位索赔:

①索赔事件发生后28 d内,向监理方发出索赔意向通知。

②发出索赔意向通知后28 d内,向监理方提出延长工期和补偿经济损失的索赔报告及有关资料。

③监理方在收到施工单位送交的索赔报告和有关资料后,于28 d内给予签复,或要求施工单位进一步补充索赔理由和证据。

④监理方在收到施工单位送交的索赔报告和有关资料后25 d内未予答复或未对施工单位作进一步要求,视为该项索赔已经认可。

**[案例4]**

某城市道路改建工程,地处交通要道,拆迁工作量大。建设方通过招标选择了工程施工总承包单位和拆迁公司。该施工项目部上半年施工进度报告显示:实际完成工作量仅为计划的113左右,窝工现象严重。报告附有以下资料:①桩基分包方的桩位图(注有成孔/成桩记录)及施工日志;②项目部的例会记录及施工日志;③施工总进度和年度计划图(横道图),图上标注了主要施工过程,开、完工时间及工作量,计划图制作时间为开工初期;④季、月施工进度计划及实际进度检查结果;⑤月施工进度报告和统计报表。报告除对进度执行情况简要描述外,对进度偏差及调查分析为"拆迁影响,促拆迁"。

**问题:**

1.该项目施工进度报告应进行哪些方面的补充和改进?

2.分包方是否应制订施工进度计划,与项目总进度计划的关系?

3.该项目施工进度计划应作哪些内容上的调整?

4.请指出该项目施工进度计划编制必须改进之处。

5.请指出该项目施工进度计划的实施和控制存在哪些不足之处。

**参考答案:**

1.对进度偏差及调查情况描述应补充和改进,提供的内容应包括:①进度执行情况的综合描述。主要内容是:报告的起止期;当地气象及晴雨天数统计;施工计划的原定目标及实际完成情况;报告计划期内现场的主要大事记(如停水、停电、事故处理情况,收到业主、监理工程师、设计单位等指令文件情况);②实际施工进度图;③工程变更,价格调整,索赔及工程款收支情况;④进度偏差的状况和导致偏差的原因分析;⑤解决问题的措施;⑥计划调整意见。

2. 分包方应该制订施工进度计划。与项目总进度计划的关系为分包方的施工进度计划必须依据总承包方的施工进度计划编制;总承包方应将分包方的施工进度计划纳入总进度计划的控制范畴,总、分包之间相互协调,处理好进度执行过程中的相关关系,并协助分包方解决项目进度控制中的相关问题。

3. 应调整内容包括施工内容、工程量、起止时间、持续时间、工作关系、资源供应。

4. 必须改进之处为:①计划图制作时间应在开工前。②在施工总进度和年度计划图(横道图)上仅标注了主要施工过程,开、完工时间及工作量不足。应该在计划图上进行实际进度记录,并跟踪记载每个施工过程的开始日期、完成日期、每日完成数量、施工现场发生的情况、干扰因素的排除情况。③无旬(或周)施工进度计划及实际进度检查结果。

5. 项目施工进度计划实施过程存在不足之处有:

①未跟踪计划的实施并进行监督,在跟踪计划的实施和监督过程中当发现进度计划执行受到干扰时,应采取调度措施。

②在计划图上应进行实际进度记录,并跟踪记载每个施工过程(而不是主要施工过程)的开始日期、完成日期、每日完成数量、施工现场发生的情况、干扰因素的排除情况。

③未能执行施工合同中对进度、开工及延期开工、暂停施工、工期延误、工程竣工的承诺。

④应跟踪形象进度对工程量、总产值、耗用的人工、材料和机械台班等的数量进行统计与分析,编制统计报表。

⑤未落实控制进度措施应具体到执行人、目标、任务、检查方法和考核办法。

⑥未处理进度索赔。

# 模块 5　建筑工程合同管理案例

**【学习要点】**

学生应掌握以下合同管理的基础理论知识：

①合同管理依据《合同法》《建筑法》以及有关法律法规。

②合同管理的内容：分包合同、买卖合同、租赁合同、借款合同等。

③合同变更、转让、终止和解除。

④合同的履行与处理。

⑤工程索赔。

**【知识讲解】**

## 1. 施工项目合同管理

1) 合同管理依据

①必须遵守《合同法》《建筑法》以及有关法律法规。

②必须依据与承包方订立的合同条款执行，依照合同约定行使权力，履行义务。

③合同订立主体是发包方和承包方，由其法定代表人行使法律行为；项目负责人受承包方委托，具体履行合同的各项约定。

2) 合同管理主要内容

①遵守《合同法》规定的各项原则，组织施工合同的全面执行。合同管理包括相关的分包合同、买卖合同、租赁合同、借款合同等。

②必须以书面的形式订立合同、洽商变更和记录，并应签字确认。

③发生不可抗力使合同不能履行或不能完全履行时，应依法及时处理。

④依《合同法》规定进行合同变更、转让、终止和解除工作。

## 2. 分包合同管理

1) 专业分包管理

①实行分包的工程，应是合同文件中规定的工程的部分。

②分包项目招标文件的编制：

a. 依据总承包工程合同和有关规定，确定分包项目划分、分包模式、合同的形式、计价模式及材料（设备）的供应方式，是编制招标文件的基础。

b. 计算工程量和相应工程量费用。依据工程设计图纸，市场价格，相关定额及计价方法进行工程量及相应工程量费用计算。

c. 确定开、竣工日期。根据项目总工期的需求和工程实施总计划、各项目、各阶段的衔接要求，确定各分包项目的开、竣工时间。

d.确定工程的技术要求和质量标准。根据对工程技术、设计要求及有关规范的规定,确定分包项目执行的规范标准和质量验收标准,满足总承包方对分包项目提出的特殊要求。

e.拟定合同主要条款。一般施工合同均分为通用条款、专用条款和协议书3部分,招标文件应对专用条款中的主要内容作出实质性规定,使投标方能够作出正确的响应。

③应经招投标程序选择合格分包方。

### 2)劳务分包管理

①劳务分包应实施实名制管理。承包方和项目部应加强农民工及劳务管理日常工作。

②项目总包、分包方必须分别设置专(兼)职劳务管理员,明确劳务管理员职责;劳务管理员须参加各单位统一组织的上岗培训,地方有要求的,要实行持证上岗。

### 3)责任划分

履行分包合同时,承包方应当就承包项目向发包方负责;分包方就分包项目向承包方负责;因分包方过失给发包方造成损失,承包方承担连带责任。

## 3.合同变更

①施工过程中遇到的合同变更,如工程量增减,质量及特性变更,工程标高、基线、尺寸等变更,施工顺序变化,永久工程附加工作、设备、材料和服务的变更等,项目负责人必须掌握变更情况,遵照有关规定及时办理变更手续。合同变更指令由监理工程师发出。变更分为发包人和监理的变更。

②承包方根据施工合同,向监理工程师提出变更申请;监理工程师进行审查,将审查结果通知承包方。监理工程师向承包方提出变更令。

③承包方必须掌握索赔知识,在有正当理由和充分证据条件下按规定进行索赔;按施工合同文件有关规定办理索赔手续;准确、合理地计算索赔工期和费用。

## 4.工程索赔的应用

工程索赔是在工程承包合同履行中,当事人一方由于另一方未履行合同所规定的义务或者出现了应当承担的风险而遭受损失时,向另一方提出索赔要求的行为。本条文简要介绍工程索赔在工程实践中的应用。

### 1)工程索赔的处理原则

承包方必须掌握有关法律政策和索赔知识,进行索赔须做到:

①有正当索赔理由和充分证据。

②索赔必须以合同为依据,按施工合同文件有关规定办理。

③准确、合理地记录索赔事件和计算工期、费用。

### 2)索赔的程序

①根据招标文件及合同要求的有关规定提出索赔意向书。当合同当事人一方向另一方提出索赔时,要有正当的索赔理由,且有索赔事件发生时的有效证据。索赔事件发生28 d内,向监理工程师发出索赔意向通知。合同实施过程中,凡不属于承包方责任导致项目拖延和成本增加事件发生后的28 d内,必须以正式函件通知监理工程师,声明对此事件要求索赔,同时仍需

遵照监理工程师的指令继续施工,逾期提出时,监理工程师有权拒绝承包方的索赔要求。

②发出索赔意向通知后 28 d 内,向监理工程师提出补偿经济损失(计量支付)和(或)延长工期的索赔申请报告及有关资料。正式提出索赔申请后,承包方应抓紧准备索赔的证据资料,包括事件的原因、对其权益影响的资料、索赔的依据,以及其他计算出该事件影响所要求的索赔额和申请延期的天数并在索赔申请发出的 28 d 内报出。

③监理工程师审核承包方的索赔申请。监理工程师在收到承包方送交的索赔报告和有关资料后,于 28 d 内给予答复,或要求承包方进一步补充索赔理由和证据。监理工程师在 28 d 内未予答复或未对承包方作进一步要求,视为该项索赔已经认可。

④当索赔事件持续进行时,承包方应当阶段性向监理工程师发出索赔意向通知,在索赔事件终了后 28 d 内,向监理工程师提出索赔的有关资料和最终索赔报告。

3) 索赔项目概述及起止日期计算方法

施工过程中主要是工期索赔和费用索赔。

①延期发出图纸产生的索赔。接到中标通知书后 28 d 内,承包方有权免费得到由发包方或其委托的设计单位提供的全部图纸、技术规范和其他技术资料,并且向承包方进行技术交底。如果在 28 d 内未收到监理工程师送达的图纸及其相关资料,作为承包方应依据合同提出索赔申请,接中标通知书后第 29 d 为索赔起算日,收到图纸及相关资料的日期为索赔结束日。

由于是施工前准备阶段,该类项目一般只进行工期索赔。

②恶劣的气候条件导致的索赔。可分为工程损失索赔及工期索赔。发包方一般对在建项目进行投保,故由恶劣天气影响造成的工程损失可向保险机构申请损失费用;在建项目未投保时,应根据合同条款及时进行索赔。该类索赔计算方法:在恶劣气候条件开始影响的第一天为起算日,恶劣气候条件终止日为索赔结束日。

③工程变更导致的索赔。工程施工项目已进行施工又进行变更、工程施工项目增加或局部尺寸,数量变化等。计算方法:承包方收到监理工程师书面工程变更令或发包方下达的变更图纸日期为起算日期,变更工程完成日为索赔结束日。

④以承包方能力不可预见引起的索赔。由于工程投标时图纸不全,有些项目承包方无法作正确计算,如地质情况,软基处理等。该类项目一般发生的索赔有工程数量增加或需要重新投入新工艺、新设备等。计算方法:在承包方未预见的情况开始出现的第一天为起算日,终止日为索赔结束日。

⑤由外部环境而引起的索赔。属发包方原因,由于外部环境影响(如征地拆迁、施工条件、用地的出入权和使用权等)而引起的索赔。

根据监理工程师批准的施工计划影响的第一天为起算日。经发包方协调或外部环境影响自行消失日为索赔事件结束日。该类项目一般进行工期及工程机械停滞费用索赔。

⑥监理工程师指令导致的索赔。以收到监理工程师书面指令时为起算日,按其指令完成某项工作的日期为索赔事件结束日。

⑦其他原因导致的承包方的索赔,视具体情况确定起算日和结束日期。

4) 同期记录

①索赔意向书提交后,就应从索赔事件起算日起至索赔事件结束日止,认真作好同期记录。每天均应有记录,并经现场监理工程师的签认。索赔事件造成现场损失时,还应做好现场照片、

录像资料。

②同期记录的内容有:事件发生及过程中现场实际状况;导致现场人员、设备的闲置清单;对工期的延误;对工程损害程度;导致费用增加的项目及所用的工作人员,机械、材料数量、有效票据等。

5)最终报告

①索赔申请表:填写索赔项目、依据、证明文件、索赔金额和日期。

②批复的索赔意向书。

③编制说明:索赔事件的起因、经过和结束的详细描述。

④附件:与本项费用或工期索赔有关的各种往来文件,包括承包方发出的与工期和费用索赔有关的证明材料及详细计算资料。

6)索赔的管理

①由于索赔引起费用或工期的增加,往往成为上级主管部门复查的对象。为真实、准确反映索赔情况,承包方应建立健全工程索赔台账或档案。

②索赔台账应反映索赔发生的原因,索赔发生的时间、索赔意向提交时间、索赔结束时间,索赔申请工期和费用,监理工程师审核结果,发包方审批结果等内容。

③对合同工期内发生的每笔索赔均应及时登记。工程完工时应形成完整的资料,作为工程竣工资料的组成部分。

参考资料:

《中华人民共和国合同法》。

## 【案例分析】

### [案例1]

某施工单位根据领取的某 2 000 m² 两层厂房工程项目招标文件和全套施工图纸,采用低报价策略编制了投标文件,并获得中标。该施工单位(乙方)于某年某月某日与建设单位(甲方)签订了该工程项目的固定价格施工合同。合同工期为 8 个月。甲方在乙方进入施工现场后,因资金紧缺,口头要求乙方暂停施工 1 个月,乙方也口头答应。工程按合同规定期限验收时,甲方发现工程质量有问题,要求返工。两个月后,返工完毕。结算时甲方认为乙方迟延交付工程,应按合同约定偿付逾期违约金。乙方认为临时停工是甲方要求的。乙方为抢工期,加快施工进度才出现了质量问题,因此迟延交付的责任不在乙方。甲方则认为临时停工和不顺延工期是当时乙方答应的。乙方应履行承诺,承担违约责任。

问题:

1. 该工程采用固定价格合同是否合适?

2. 该施工合同的变更形式是否妥当? 此合同争议依据合同法律规范应如何处理?

分析要点:

本案例主要考核建设工程施工合同的类型及其适用性,解决合同争议的法律依据。建设工程施工合同以付款方式不同可分为:固定价格合同、可调价格合同和成本加酬金合同。根据各类合同的适用范围,分析该工程采用固定价格合同是否合适。解决合同争议的法律依据主要是《中华人民共和国合同法》与《建设工程施工合同(示范文本)》的有关规定。

**参考答案:**

1. 因为固定价格合同适用于工程量不大且能够较准确计算、工期较短、技术不太复杂、风险不大的项目。该工程基本符合这些条件,故采用固定价格合同是合适的。

2. 根据《中华人民共和国合同法》和《建设工程施工合同(示范文本)》的有关规定,建设工程合同应当采取书面形式,合同变更亦应当采取书面形式。若在应急情况下,可采取口头形式,但事后应予以书面形式确认,否则,在合同双方对合同变更内容有争议时,只能以书面协议的内容为准。本案例中甲方要求临时停工,乙方也答应,是甲、乙方的口头协议,且事后并未以书面的形式确认,所以该合同变更形式不妥。在竣工结算时双方发生了争议,对此只能以原合同规定为准。施工期间,甲方未能及时支付工程款,应对停工承担责任,故应当赔偿乙方停工1个月的实际经济损失,工期顺延1个月。工程因质量问题返工,造成逾期交付,责任在乙方,故乙方应当支付逾期交工1个月的违约金,因质量问题引起的返工费由乙方承担。

**[案例2]**

某厂房建设场地原为农田。按设计要求在厂房建造时,厂房地坪范围内的耕植土应清除,基础必须埋在老土层下2.00 m处。为此,业主在"三通一平"阶段就委托土方施工公司清除了耕植土并用好土回填压实至一定设计标高,故在施工招标文件中指出,施工单位无须再考虑清除耕植土问题。然而,开工后,施工单位在开挖基坑(槽)时发现,相当一部分基础开挖深度虽已达到设计标高,但仍未见老土,且在基础和场地范围内仍有一部分深层的耕植土和池塘淤泥等必须清除。

**问题:**

1. 在工程中遇到地基条件与原设计所依据的地质资料不符时,承包商应该怎么办?

2. 根据修改的设计图纸,基础开挖要加深加大。为此,承包商提出了变更工程价格和展延工期的要求。请问承包商的要求是否合理?为什么?

3. 对于工程施工中出现变更工程价款和工期的事件之后,甲、乙双方需要注意哪些时效性问题?

4. 对合同中未规定的承包商义务,合同实施过程又必须进行的工作,你认为应如何处理?

**分析要点:**

因地基条件变化引起的设计修改属于工程变更的一种。该案例主要考核承包商遇到工程地质条件发生变化时的工作程序,《建设工程施工合同(示范文本)》对工程变更的有关规定,特别要注意有关时效性的规定。

**参考答案:**

1. 第一步,根据《建设工程施工合同(示范文本)》的规定,在工程中遇到地基条件与原设计所依据的地质资料不符时,承包方应及时通知甲方,要求对原设计进行变更。

第二步,在建设工程施工合同文件规定的时限内,向甲方提出设计变更价款和工期顺延的要求。甲方如确认,则调整合同;如不同意,应由甲方在合同规定的时限内,通知乙方就变更价格协商,协商一致后,修改合同。若协商不一致,按工程承包合同纠纷处理方式解决。

2. 承包商的要求合理。因为工程地质条件的变化,不是一个有经验的承包商能够合理预见到的,属于业主风险。基础开挖加深加大必然增加费用和延长工期。

3. 在出现变更工程价款和工期事件之后,主要应注意:

①乙方提出变更工程价款和工期的时间。

②甲方确认的时间。

③双方对变更工程价款和工期不能达成一致意见时的解决办法和时间。

4.一般情况下,可按工程变更处理,其处理程序参见问题1答案的第二步,也可以另行委托施工。

## [案例3]

某工程项目施工采用了包工包全部材料的固定价格合同。工程招标文件参考资料中提供的用砂地点距工地4 km。但是开工后,检查该砂质量不符合要求,承包商只得从另一距工地20 km的供砂地点采购。而在一个关键工作面上又发生了几种原因造成的临时停工:5月20日至5月26日承包商的施工设备出现了从未出现过的故障;应于5月24日交给承包商的后续图纸直到6月10日才交给承包商;6月7日至6月12日施工现场下了该季节罕见的特大暴雨,造成了6月11日至6月14日该地区的供电全面中断。

**问题:**

1.由于供砂距离的增大,必然引起费用的增加,承包商经过仔细认真计算后,在业主指令下达的第3天,向业主的监理工程师提交了将原用砂单价每吨提高5元人民币的索赔要求。作为一名监理工程师你批准该索赔要求吗? 为什么?

2.由于几种情况的暂时停工,承包商在6月15日向业主的监理工程师提交延长工期25 d,成本损失费人民币2万元/d(此费率已经监理工程师核准)和利润损失费人民币2千元/d的索赔要求,共计索赔款57.2万元。作为一名监理工程师你批准该索赔款额多少万元?

3.索赔成立的条件是什么?

4.若承包商对因业主原因造成窝工损失进行索赔时,要求设备窝工损失按台班计算,人工的窝工损失按工日计价是否合理? 如不合理应怎样计算?

5.你认为应该在业主给承包商工程进度款的支付中扣除竣工延期违约损失赔偿金吗? 为什么?

**分析要点:**

对该案例的求解首先要弄清工程索赔的概念,施工进度拖延和费用增加的责任划分与处理原则,费用索赔的计算与审查方法。

**参考答案:**

1.因砂场地点的变化提出的索赔不能被批准,原因是:

(1)承包商应对自己就招标文件的解释负责并考虑相关风险。

(2)承包商应对自己报价的正确性与完备性负责。

(3)材料供应的情况变化是一个有经验的承包商能够合理预见到的。

2.可以批准的费用索赔额为32万元人民币。原因是:

(1)5月20日至5月26日出现的设备故障,属于承包商应承担的风险,不应考虑承包商的费用索赔要求。

(2)5月27日至6月9日是由于业主迟交图纸引起的,为业主应承担的风险,可以索赔,但不应考虑承包商的利润要求,索赔额为14 d×2万元/d=28万元。

(3)6月10日至6月12日的特大暴雨属于双方共同的风险,不应考虑承包商的费用索赔要求。

(4)6月13日至6月14日的停电属于有经验的承包商无法预见的自然条件变化,为业主应承担的风险,可以索赔,但不应考虑承包商的利润要求,索赔额为 2 d×2 万元/d＝4 万元。

3.承包商的索赔要求成立必须同时具备如下 4 个条件:

(1)与合同相比较,已造成了实际的额外费用或工期损失。

(2)造成费用增加或工期损失的原因不是由于承包商的过失。

(3)按合同规定造成的费用增加或工期损失不是应由承包商承担的风险。

(4)承包商在事件发生后的规定时间内提出了索赔的书面意向通知。

4.不合理。因窝工闲置的设备按折旧费或停滞台班费或租赁费计价,不包括运转费部分;人工费损失应考虑这部分工作的工人调做其他工作时工效降低的损失费用;一般用工日单价乘以一个测算的降效系数计算这一部分损失,而且只按成本费用计算,不包括利润。

5.由上述事件引起的工程进度拖延不等于竣工工期的延误。原因是:如果不能通过施工方案的调整将延误的工期补回,将会造成工期延误,支付中要扣除拖期违约金;如果能够通过施工方案的调整将延误的工期补回,不会造成工期延误,不产生拖期违约金,支付中不扣。

## [案例 4]

2004 年 1 月,某市石油公司与该市永丰建筑工程公司签订了一份《加油站维修项目协议书》,该协议书约定:永丰公司为石油公司提供加油站维修服务,合同期限为 1 年,永丰公司按照石油公司提供的图纸施工,合同价款以石油公司最终审定的结算报告为准,验收合格后 1 星期内办理结算。但协议书没具体约定维修哪座加油站。2004 年 2 月,石油公司将 1 座加油站的维修工程承包给永丰公司,两个月后,该工程顺利完工,双方办理了结算手续。2004 年 8 月,石油公司决定对辖区内的另外 3 座加油站进行维修。根据上级公司要求,决定进行公开招标。永丰公司也参加了投标,但由于报价太高,均未中标。于是,石油公司将维修工程发包给另外两家中标的工程公司,并与之签订了工程维修合同。2004 年 9 月,永丰公司向当地法院起诉,认为石油公司违约。理由是双方于 1 月份已经签订了《加油站维修项目协议书》,约定永丰公司为石油公司提供加油站维修服务,合同期限为 1 年。应当认为本年度内的所有加油站维修工程均应由其承包。

【评析】在本案例中,双方之所以发生争议,主要在于双方签订的合同中没有明确约定合同标的,于是给了对方可乘之机。合同标的是合同最重要的条款之一,合同当事人应当在合同中对此作出明确约定,否则容易引发争议。因此,《中华人民共和国合同法》第十二条规定,合同一般包括以下条款:双方当事人、标的、数量、质量、价款、履行期限地点和方式、违约责任和解决争议的方法。股份公司的合同管理制度也有这方面内容的规定。

案中,石油公司与永丰公司签订的合同,没有明确约定具体的维修对象,容易让人误解为包括本年度内所有的加油站维修工程项目。而法院的最终判决结果也表明,石油公司为此承担了违约责任,造成一定的经济损失,我们应当从中吸取教训。

## [案例 5]

某海滨城市为发展旅游业,经批准兴建一座三星级大酒店。该项目甲方于××年 10 月 10 日分别与某建筑公司(乙方)和某外资装饰工程公司(丙方)签订了主体建筑工程施工合同和装饰工程施工合同。

合同约定主体建筑工程施工于当年 11 月 10 日正式开工。合同日历工期为两年 5 个月。因主体工程与装饰工程分别为两个独立的合同,由两个承包商承建,为保证工期,当事人约定:主体与装饰施工采取立体交叉作业,即主体完成三层,装饰工程承包商立即进入装饰作业。为保证装饰工程达到三星级水平,业主委托某监理公司实施装饰工程监理。

在工程施工 1 年 6 个月时,甲方要求乙方将竣工日期提前两个月,双方协议修订施工方案后达成协议。

该工程按变更后的合同工期竣工,经验收后投入使用。

在该工程投入使用两年 6 个月时,乙方因甲方少付工程款起诉至法院,诉称:甲方于该工程验收合格后签发了竣工验收报告,并已开张营业。在结算工程款时,甲方本应付工程总价款 1 600 万元人民币,但只付 1 400 万元人民币,特请求法庭判决被告支付剩余的 200 万元及拖期的利息。

在庭审中,被告答称:原告主体建筑工程施工质量有问题,如:大堂、电梯间门洞、大厅墙面、游泳池等主体施工质量不合格,因此,装修商进行返工,并提出索赔,经监理工程师签字报业主代表认可,共支付 15.2 万美元,折合人民币 125 万元,此项费用应由原告承担。另还有其他质量问题,并造成客房、机房设备、设施损失人民币 75 万元,共计损失 200 万元人民币,应从总工程款中扣除,故支付乙方主体工程款总额为 1 400 万元人民币。

原告辩称:被告称工程主体不合格不属实,并向法庭呈交了业主及有关方面签字的合格竣工验收报告及业主致乙方感谢信等证据。

被告又辩称:竣工验收报告及感谢信,是在原告法定代表人宴请我方时,提出为了企业晋级的情况下,我方代表才签的字。此外,被告代理人又向法庭呈交出业主被装饰工程公司提出的索赔 15.2 万美元(经监理工程师和业主代表签字)的清单 56 件。

原告再辩称:被告代表发言纯系戏言,怎能以签署竣工验收报告为儿戏,请求法庭以文字为证。又指出:如果真的存在被告所说的情况,被告应当在装饰施工前通知我方修理。

原告最后请求法庭关注:从签发竣工验收报告到起诉前,乙方向甲方多次以书面方式提出结算要求。在长达两年多的时间里,甲方从未向乙方提出过工程存在质量问题。

**问题:**

1. 原被告之间的合同是否有效?

2. 如果在装修施工时,发现主体工程施工质量有问题,甲方应采取哪些正当措施?

3. 对于乙方因工程款纠纷的起诉和甲方因工程质量问题的起诉,法院是否予以保护?

**参考答案:**

1. 原被告之间的合同有效。

2. 如果在装修施工时,发现主体工程施工质量有问题,甲方应通知乙方对主体工程施工质量问题进行处理,使其达到合格标准。如果乙方不予处理,甲方可以邀请其他有经验的承包商进行处理,工程费用先由甲方垫付,之后在乙方的工程质量保证金中扣除。

3. 法院应保护甲乙双方的合法权益不受伤害,甲方有要求工程质量得到保证的权力,乙方有获得工程款的权力。从本案看,甲方有拖欠工程款之嫌,工程质量有问题应该通知乙方进行处理,但甲方没有这样做,装修公司提出的索赔文件只能代表甲方与装修方之间的合同关系,不能把装修公司的索赔转嫁给乙方。

**[案例6]**

孙师傅是某国有企业职工,已经有30年工龄了。由于市场发展和行业调整,孙师傅所在的企业逐渐亏损,后因各种原因而资不抵债,经法院审理清算,不得不宣告破产。

孙师傅由此失去了工作。但他认为当时与企业签订的是无固定期限的劳动合同,现在企业虽然破产了,但不能就此"抛弃"他,而应当由破产企业的上级主管部门负责另行安排工作。于是,孙师傅就向企业上级主管部门提出另行安排工作的要求,上级主管部门对孙师傅的要求未予同意,双方由此发生争议。

双方理由:

孙师傅认为:自己在企业里辛辛苦苦工作了30年,而且当初签订的是无固定期限的劳动合同,也就是"终身合同",企业应当对他负责到底。现在企业破产了,企业的上级主管部门应当负责另行安排工作。

企业主管部门认为:孙师傅是与一家企业签订了劳动合同,尽管合同是无固定期限的(并非终身合同),但现在该企业破产了,合同已经无法履行,依法应当终止。而企业的上级主管部门与孙师傅没有劳动关系,没有义务负责安排孙师傅的工作。

评析:

本案争议的焦点是国有企业破产后,原来与企业签订的无固定期限劳动合同是否终止;如果劳动合同终止,该企业的上级主管部门是否有义务为劳动者另行安排工作。

劳动合同是劳动者与用人单位确立劳动关系,确定双方权利义务的协议。建立劳动关系应当签订劳动合同。根据劳动法规定,劳动合同在终止条件出现后终止,即双方权利义务关系终止。而终止的条件分为法定条件和约定条件,法定条件是法律法规规定的条件。《上海市劳动合同条例》第三十七条规定:"有下列情形之一的,劳动合同终止:(一)劳动合同期满的;(二)当事人约定的劳动合同终止条件出现的;(三)用人单位破产、解散或者被撤销的;(四)劳动者退休、退职、死亡的"。根据该条第三款规定,用人单位破产、解散或者被撤销的,劳动合同终止。该款规定是劳动合同终止的法定条件之一。因此,根据法律法规的规定,用人单位破产后,劳动者与用人单位的劳动合同关系就依法终止了,双方间的权利义务也依法终止了。

本案中,孙师傅不论与该企业签订的是什么类型的劳动合同,在该企业破产后,孙师傅与该企业的劳动合同就依法终止了。孙师傅与企业建立劳动关系,与上级主管部门不存在任何劳动关系,因此,孙师傅与企业的劳动合同一旦终止,上级主管部门没有义务为其另行安排工作。

**[案例7]**

在某国际工程中,采用固定总价合同。合同规定由业主支付海关税。合同规定索赔有效期为10 d。在承包商投标书中附有建筑材料、设备表,这已被业主批准。在工程中承包商进口材料大大超过投标书附表中所列的数量。在承包商向业主要求支付海关税时,业主拒绝支付超过部分材料的海关税。

**对此,承包商提出如下问题:**

业主有没有理由拒绝支付超过部分材料的海关税?承包商向业主索取这部分海关税受不受索赔有效期限制?

**参考答案:**

在工程中材料超量进口可能由于如下原因造成:

①建筑材料设备表不准确。

②业主指令工程变更造成工程量的增加,由此导致材料用量的增加。

③其他原因,如承包商施工失误造成返工、施工中材料浪费,或承包商企图多进口材料,待施工结束后再作处理或用于其他工程,以取得海关税方面的利益等。

对于上述情况,分别分析如下:

①与业主提供的工程量表中的数字一样,材料、设备表也是一个估计的值,而不是固定的准确的值,所以误差是允许的,对误差业主也不能推卸他的合同责任。

②业主所批准增加的工程量是有效的,属于合同内的工程,则对这些材料,合同所规定的由业主支付海关税的条款也是有效的。所以对工程量增加所需要增加的进口材料,业主必须支付相应的海关税。

③对于由承包商责任引起的其他情况,应由承包商承担。对于超量采购的材料,承包商最后处理(如变卖、用于其他工程)时,业主有权收回已支付的相应的海关税。由于要求业主支付超量材料的海关税并不是由于业主违约引起的,所以这项索赔不受索赔有效期的限制。

[案例8]

某工程合同规定,进口材料由承包商负责采购,但材料的关税不包括在承包商的材料报价中,由业主支付。合同未规定业主支付海关税的日期,仅规定业主应在接到承包商提交的到货通知单后30 d内完成海关放行的一切手续。现由于承包商采购的材料到货太迟,到港后工程施工中急需这批材料,承包商先垫支关税,并完成入关手续,以便及早取得材料,避免现场停工待料。

问题:

承包商是否可向业主提出补偿海关税的要求? 这项索赔是否也要受合同规定的索赔有效期的限制?

参考答案:

对此,如果业主拖延海关放行手续超过30 d,造成现场停工待料,则承包商可将它作为不可预见事件,在合同规定的索赔有效期内提出工期和费用索赔。而承包商先垫付了关税,以便及早取得材料,对此承包商可向业主提出海关税的补偿要求。因为按照国际工程惯例,如果业主妨碍承包商正确地履行合同,或尽管业主未违约,但在特殊情况下,为了保证工程整体目标的实现,承包商有责任和权力为降低损失采取措施。由于承包商的这些措施使业主得到利益或减少损失,业主应给予承包商补偿。本案例中,承包商为了保证工程整体目标的实现,为业主完成了部分合同责任,业主应予以如数补偿。而业主行为对承包商并非违约,故这项索赔不受合同所规定的索赔有效期限制。

[案例9]

某公司中标承建城市南外环道路工程。在施工过程中,发生如下事件:一是挖方段遇到了工程地质勘探报告没有揭示的岩石层,破碎、移除拖延了23 d时间;二是工程拖延致使路基施工进入雨期,连续降雨使土壤含水量过大,无法进行压实作业,因此耽误了15 d工期;三是承包方根据建设单位指令对相接道路进行罩面处理,施工项目部对形成增加的工作量作为设计变更调整工程费用。

问题：

1.事件 1 造成的工期拖延和增加费用能否提出索赔,为什么?

2.事件 2 二造成的工期拖延和增加费用能否提出索赔,为什么?

3.事件 3 形成的工程变更部分应如何调整费用?

参考答案：

1.事件 1 挖方段破碎移除岩石的处理工作引发的工期和费用索赔应该提出索赔,发包方应予以受理。因为地质探勘资料不详是有经验的承包商预先无法预测到的,非承包方责任,并确实已造成了实际损失。

2.事件 2 的索赔不应受理。因为连续降雨,造成路基无法施工尽管有实际损失,但是有经验的承包商应能够预测经采取措施加以避免的;即便与事件 1 有因果关系,但事件 1 已进行索赔,因此应予驳回。

3.事件 3 在市政工程施工中时有发生,造成的工程量超出原合同规定清单的部分,应按合同约定处理。当合同未有约定时,可采取如下处理方式:采用施工图预算计价方式,价格(单价)应取自合同中已有的价格,增加工程量经监理工程师计量,计算出调整(即增加)部分工程费用。

# 模块6　建筑工程投资控制案例

## 【学习要点】

学生应掌握以下投资控制的基础理论知识：

①全过程控制理念。

②建设施工阶段投资控制的内容和控制方式。

③工程投资控制依据。

## 【知识讲解】

### 1. 工程项目投资

工程项目投资,是指进行工程项目建设所花费的全部费用,即从工程项目确定建设意向开始直至建成竣工验收为止整个建设过程中所支出的总费用,这是保证项目建设正常进行的必要资金。工程项目投资主要由建筑安装工程费用、设备和工器具的购置费用,以及有关工程的其他费用等组成。

生产性建设项目总投资包括建设投资、建设期利息和流动资金3个部分;非生产性建设项目总投资包括建设投资和建设期利息两部分。其中,建设投资和建设期利息之和对应于固定资产投资,固定资产投资与建设项目的工程造价在量上相等。

工程造价的主要构成部分是建设投资,根据国家发改委和住建部发布的(发改投资[2006]1325号)《建设项目经济评价方法与参数(第三版)》的规定,建设投资包括工程费用、工程建设其他费用和预备费用3个部分。

工程费用是指直接构成固定资产实体的各种费用,可以分为建筑安装工程费和设备及工器具购置费。

工程建设其他费用是指根据国家有关规定在投资中支付,并列入建设项目总造价或单项工程造价的费用。

预备费用是为了保证工程项目的顺利实施,避免在难以预料的情况下造成投资不足而预先准备的一笔费用。

我国现行工程造价的构成如下图所示。

### 2. 工程项目投资管理

建设工程项目投资管理是对建设工程项目投资的计划、实施、控制,以及纠正偏差的总称。建设工程项目投资管理的任务是在投资决策阶段进行科学的分析,制订合理的投资目标和投资计划;在设计阶段、投标阶段、施工阶段和竣工验收阶段进行实时的动态跟踪、偏差分析与调整补救,力争把工程项目投资的实际发生值控制在计划的范围内。建设工程项目投资管理在整个建设工程项目管理中占有重要的地位,对工程项目投资效益有重要影响。

在我国建设工程投资管理领域,长期存在着决算超预算、预算超概算、概算超估算的三超难

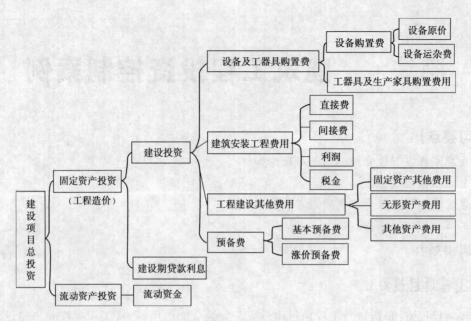

现行工程造价的构成图

题。工程投资控制,就是在优化建设方案、设计方案基础上,在建设工程的各个实施阶段,采取一定的方法和措施将工程投资控制在合理的范围内。通俗地说,用投资估算控制设计方案的选择和初步设计概算;概算控制技术设计和修正概算;用设计概算或修正概算控制施工图预算。

1)投资控制原则

有效控制工程投资应体现以下几项原则:

(1)以设计为重点全过程控制

工程投资控制贯穿于项目建设全过程的同时,应注重工程设计阶段的控制。据统计分析,设计费一般不到建设工程全寿命费用的1%,但它对工程投资的影响程度达到75%以上。由此可见,设计阶段对整个工程建设的收益至关重要,一个好的设计不仅可以促进施工质量的提高,加快进度,高质优效地收回投资,且可降低投资。

(2)实施主动控制

所谓主动控制,是在预先分析实施过程中各种风险因素及其导致目标偏离的可能性和程度,拟订和采用有针对性的预防措施。总的来说,主动控制是一种面对未来的控制,但长期以来,人们较为着重控制目标值与实际值的比较。当实际值偏离目标值时,才分析其产生偏离的原因,并确定下一步的对策。为尽可能地减少避免目标值与实际值的偏离,还必须事先主动地采取控制措施,实施主动控制。也就是说,工程投资控制不仅要反映投资决策,反映设计、发包和施工,被动地控制工程投资;更要能动地影响投资决策,影响设计、发包和施工,主动地控制工程投资。

(3)经济与技术相结合手段

控制工程投资,应从组织、技术、经济、合同等多方面采取措施。长期以来,我国工程建设领域重技术轻经济,设计与经济相脱节是一种普遍现象。在项目可行性研究和初步设计阶段,往往只注重对技术方案的论证,对经济因素考虑得较少,缺乏多方案比较和技术经济分析,造成工程投资的浪费。在选择设计方案时,要通过技术比较、经济分析和效果评价,正确处理技术先进与经济实力两者之间的对立统一关系,以求最佳技术经济指标。

2)投资控制方法

投资控制贯穿于工程建设全过程中的各个阶段,在各阶段都有各种不同方法的应用,下面是各阶段投资控制的有效方法:

(1)做好可行性研究

建设项目的可行性研究是在投资决策前,运用多学科手段综合论证一个工程项目在技术上是否现实、实用和可靠,在财物上是否盈利;做出环境影响、社会效益和经济效益的分析和评价,及工程抗风险能力等的结论,为投资决策提供科学依据。可行性研究还能为银行贷款、合作者签约、工程设计等提供依据和基础资料,它是决策科学化的必要步骤和手段。

(2)推行限额设计

所谓限额设计,就是要按照批准的设计任务书及投资估算控制初步设计,按照批准的初步设计总概算控制施工图设计。将上阶段设计审定的投资额和工程量先分解到各专业,然后再分解到各单位工程和分部工程。各专业在保证使用功能的前提下,根据限定的额度进行方案筛选和设计,并且严格控制技术设计和施工图设计的不合理变更,以保证总投资不被突破。限额设计控制工程投资可以从两个角度入手,一种是按照限额设计过程从前往后依次进行控制,称为纵向控制;另一种途径是对设计单位及其内部各专业及设计人员进行考核,实行奖惩,进而保证设计质量的一种控制方法,称为横向控制。实践证明,限额设计是促进设计单位改善管理、优化结构、提高设计水平,真正做到用最少的投入取得最大产出的有效途径。它不仅是一个经济问题,更确切地说是一个技术经济问题,它能有效地控制整个项目的工程投资。

(3)选用新型材料

进入21世纪,科学技术发展可谓日新月异,时刻关注新型复合建筑材料在施工中的运用。选用新型合理工程材料可直接降低工程的投资,且可降低项目整体维护费用。

(4)招投标也是投资控制的又一重要手段

通过投标竞争,业主择优选择承包商,不仅有利于确保工程质量和缩短工期,更有利于降低工程投资。投资管理人员应根据现行规范、定额和取费标准、施工图纸、现场因素、工期等认真编制标底,并使标底控制在概算或预算内。合理的标底投资是工程质量的保证。高价承包使业主蒙受损失;低于成本价承包造成承包商采购劣质建材、不规范施工、安全没保障、延误工期、施工质量隐患重重,增加工程项目的全寿命后期维修费用。

(5)加强合同管理

施工合同是工程建设的主要合同,是工程建设质量控制、进度控制、投资控制的主要依据。在市场经济条件下,建设市场主体之间相互的权利义务关系主要是通过合同确立的,因此,加强对施工合同的管理具有十分重要的意义。在施工合同中,由工程师对工程施工进行管理。施工合同中的工程师是指监理单位委派的总监理工程师或发包人指定的履行合同的负责人,其具体身份和职责由双方在合同中约定。由于工程合同周期长,工程量大,工程变更、干扰事件多,合同管理是工程项目全过程投资控制的核心和提高管理水平、经济效益的关键。所以,工程师应充分理解和熟悉合同条款,加强合同管理,避免施工单位索赔的发生,必要时抓住反索赔的机会,以减少自己的损失,降低工程投资。

(6)发挥审计监督作用,重视建设项目全过程审计工程项目审计是工程投资控制最有力的一环。所谓工程项目审计,是指项目投资经济活动开始至项目竣工验收前,审计机构对与工程建设项目有关的财务收支真实、合法、效益进行的审计监督。它具有独立性和客观性的特征。工程项目的审计不仅要重视被审项目的事后审计(竣工审计),更要重视事前和事中审计,即必须对工程项目整个施工生产活动的全过程进行审计。因为在施工过程中信息不对称现象经常发生,材料的消耗、质量的真实性及工程量的确认受到影响。实践证明,如果只注重结算审计难以实现对工程投资的真实控制。事前审计,可使工程项目施工方案的编制更趋合理,并能帮助工程项目管理班子提前"把关",有效地防止或避免可以预见的失误。事中审计,即对施工阶段中若干个过程所做的审计,对于后阶段来讲,则为面向未来,又属事前审计,不过这种事前审计更有针对性、效益性,做好了,能达到事半功倍的效果。投资工作贯穿于工程建设的全过程,每一阶段的投资确定,如果都经过审计这一环,那么,投资的控制在很大程度上就有了保证。

### 3. 施工成本管理

建设项目施工图预算(以下简称施工图预算)是建设工程项目招投标和控制施工成本的重要依据。下面简要介绍施工项目应掌握的施工图预算及其应用要点。

1)施工图预算组成

(1)施工图预算的种类

①建设项目施工图总预算是反映施工图设计阶段建设项目投资总额的造价文件,是施工图预算文件的主要组成部分,由组成建设项目的各个单项工程综合预算和相关费用组成。

②单项工程综合预算是反映施工图设计阶段一个单项工程(设计单元)造价的文件,是总预算的组成部分,由构成该单项工程的各个单位工程施工图预算组成。

③单位工程施工图预算是依据单位工程施工图设计文件、现行预算定额以及人工、材料和施工机械台班价格等,按照规定的计价方法编制的工程造价文件。单位工程预算包括建筑工程预算和安装工程预算。建筑工程施工图预算是建筑工程各专业单位工程施工图预算的总称,按其工程性质分为一般土建工程预算、建筑安装工程预算、构筑物工程预算等。

(2)施工图预算的编制形式与组成

①当建设项目有多个单项工程时,应采用三级预算编制形式。三级预算编制形式由建设项目施工图总预算、单项工程综合预算、单位工程施工图预算组成。

②当建设项目只有一个单项工程时,应采用二级预算编制形式。二级预算编制形式由建设项目施工图总预算和单位工程施工图预算组成。

2)施工图预算的编制方法

(1)施工图预算的计价模式

①定额计价模式,又称为传统计价模式,是采用国家主管部门或地方统一规定的定额和取费标准进行工程计价来编制施工图预算的方法。市政公用工程多年来一直使用定额计价模式,取费标准依据《全国统一市政工程预算定额》和地方统一的市政预算定额。一些大型企业还自行编制企业内部的施工定额,以提升企业的管理水准。

②工程量清单计价模式是指按照国家统一的工程量计算规则,工程数量采用综合单价的形式计算工程造价的方法。计价的主要依据是市场价格和企业的定额水平,与传统计价模式相

比,计价基础比较统一,在很大程度上给了企业自主报价的空间。

(2)施工图预算的编制方法

①工料单价法是指分部分项工程单价为直接工程费单价,直接工程费汇总后另加其他费用,形成工程预算价。具体可分成预算单价法、实物法,预算单价法取费依据是《全国统一市政预算定额》和地方统一的市政预算定额。实物法是依据施工图纸和预算定额的项目划分及工程量计算规则,先计算出分部分项工程量,然后套用预算定额(实物量定额)编制施工图预算的方法,但分部分项工程中工料单价应依据市场价格计价。

②综合单价法是指分部分项工程单价综合了直接工程费以外的多项费用,依据综合内容不同,还可分为全费用综合单价和部分费用综合单价。我国目前推行的建设工程工程量清单计价其实就是部分费用综合单价,单价中未包括措施费、规费和税金。所以在工程施工图预算编制中必须考虑这部分费用在计价、组价中存在的风险。

3)施工图预算与工程应用

(1)招投标阶段

①施工图预算是招标单位编制标底的依据,也是工程量清单的编制依据。

②施工图预算造价是施工单位投标报价的依据。投标报价时应在分析企业自身优势和劣势的基础上进行报价,以便在市场激烈竞争中赢得工程项目。

(2)工程实施阶段

①施工图预算在施工单位进行工程项目施工准备和编制实施性施工组织设计时,提供重要的参考作用。

②施工图预算是施工单位进行成本控制的依据,也是项目部进行成本目标控制的主要依据。

③施工图预算也是工程费用调整的依据。工程预算批准后,一般情况下不得调整。在出现重大设计变更、政策性调整及不可抗力等情况时可以调整。调整预算编制深度与要求、文件组成及表格形式同原施工图预算。调整预算还应对工程预算调整的原因作详尽分析说明,所调整的内容在调整预算总说明中要逐项与原批准预算对比,并编制调整前后预算对比表,分析主要变更原因。在上报调整预算时,应同时提供有关文件和调整依据。

## 4. 建设工程工程量清单计价的应用

《建设工程工程量清单计价规范》(GB 50500)(以下简称《清单计价规范》),于 2003 年 7 月 1 日起颁布实施,并于 2008 年修订出版 GB 50500—2008。2013 年又公布了 GB 50500—2013 (清单计价规范),要求 2013.4.1 实施。

1)工程量清单计价有关规定

①全部使用国有资金投资或国有资金投资为主的大中型建设工程应执行《清单计价规范》规定。

②实行工程量清单计价的招标投标的建设工程项目,其招标标底、投标报价的编制、合同价款确定与调整、工程结算应按《清单计价规范》执行。

③《清单计价规范》规定,采用工程量清单计价的建设工程造价由分部分项工程费、措施项目费、其他项目费和规费、税金组成。

a. 分部分项工程量清单应采用综合单价法计价。综合单价是完成一个规定计量单位的分部分项工程量清单项目或措施清单项目所需的人工费、材料费、施工机械使用费和企业管理费与利润,以及一定范围内的风险费用。

b. 招标文件中的工程量清单标明的工程量是投标人投标报价的共同基础,竣工结算的工程量按发、承包双方在合同中约定应予计量且实际完成的工程量确定。

c. 措施项目清单计价,可以计算工程量的措施项目应按分部分项工程量清单的方式采用综合单价计价,其余的措施项目可以"项"为单位的方式计价,应包括除规费、税金外的全部费用。

d. 措施项目清单中的安全文明施工费应按照国家或省级、行业建设主管部门的规定计价,不得作为竞争性费用。

e. 规费和税金应按国家或省级、行业建设主管部门的规定计算,不得作为竞争性费用。

2) 工程量清单计价与工程应用

(1) 投标阶段

①招标人提供的工程量清单计价中必须明确清单项目的设置情况,除明确说明各个清单项目的名称,还应阐释各个清单项目的特征和工程内容,以保证清单项目设置的特征描述和工程内容没有遗漏,也没有重叠。

②招标人提供的工程量清单中必须列出各个清单项目的工程数量,这也是工程量清单招标与定额招标之间的一个重大区别。工程量清单报价为投标人提供一个平等竞争的条件,相同的工程量,由企业根据自身的实力来填报不同的单价,使得投标人的竞争完全属于价格的竞争,其投标报价应反映出企业自身的技术能力和管理能力。

③工程量清单的表格格式是附属于项目设置和工程量计算的,为投标报价提供一个合适的计价平台,投标人可根据表格之间的逻辑联系和从属关系,在其指导下完成分部组合计价的过程。

④投标人经复核认为招标人公布的招标控制价未按照《清单计价规范》的规定编制的,应在开标前5 d向招投标监督机构或(和)工程造价管理机构投诉。招投标监督机构应会同工程造价管理机构对授诉进行处理,发现有错误的,应责成招标人修改。

⑤招标工程以投标截止日期前28 d,非招标工程以合同签订前28 d为基准日,其后国家的法律、法规、规章和政策发生变化影响工程造价的,应按省级或行业建设主管部门或其授权的工程造价管理机构发布的规定调整合同价款。

(2) 工程实施阶段

①工程计量时,若发现工程量清单中出现漏项、工程量计算偏差,以及工程变更引起工程量的增减,应按承包人在履行合同义务过程中实际完成的工程量计算。

②施工中出现施工图纸(含设计变更)与工程量清单项目特征描述不符的,发、承包双方应按新的项目特征确定相应工程量清单的综合单价。

③因工程量清单漏项或非承包人原因的工程变更,造成增加新的工程量清单项目,其对应的综合单价按下列方法确定:

a. 合同中已有适用的综合单价,按合同中已有的综合单价确定。

b. 合同中有类似的综合单价,参照类似的综合单价确定。

c. 合同中没有适用或类似的综合单价,由承包人提出综合单价,经发包人确认后执行。

④分部分项工程量清单漏项或非承包人原因的工程变更,引起措施项目发生变化,造成施工组织设计或施工方案变更,原措施费中已有的措施项目,按原有措施费的组价方法调整;原措施费中没有的措施项目,由承包人根据措施项目变更情况,提出适当的措施费变更,经发包人确认后调整。

⑤非承包人原因引起的工程量增减,该项工程量变化在合同约定幅度以内的,应执行原有的综合单价;该项工程量变化在合同约定幅度以外的,其综合单价及措施费应予以调整。

⑥施工期内市场价格波动超出一定幅度时,应按合同约定调整工程价款;合同没有约定或约定不明确的,应按省级或行业建设主管部门或其授权的工程造价管理机构的规定调整。

⑦因不可抗力事件导致的费用,发、承包双方应按以下原则分担并调整工程价款:

a.工程本身的损害、因工程损害导致第三方人员伤亡和财产损失以及运至施工现场用于施工的材料和待安装的设备的损害,由发包人承担。

b.发包人、承包人人员伤亡由其所在单位负责,并承担相应费用。

c.承包人的施工机械设备的损坏及停工损失,由承包人承担。

d.停工期间,承包人应发包人要求留在施工现场的必要的管理人员及保卫人员的费用,由发包人承担。

e.工程所需清理、修复费用,由发包人承担。

f.工程价款调整报告应由受益方在合同约定时间内向合同的另一方提出,经对方确认后调整合同价款。受益方未在合同约定时间内提出工程价款调整报告的,视为不涉及合同价款的调整。收到工程价款调整报告的一方应在合同约定时间内确认或提出协商意见,否则视为工程价款调整报告已经确认。

⑧分部分项工程量费应依据双方确认的工程量、合同约定的综合单价计算;如发生调整的,以发、承包双方确认调整的综合单价计算。

⑨其他项目费用调整应按下列规定计算:

a.计日工应按发包人实际签证确认的事项计算。

b.暂估价中的材料单价应按发、承包双方最终确认价在综合单价中调整;专业工程暂估价应按中标价或发包人、承包人与分包人最终确认价计算。

c.总承包服务费应依据合同约定金额计算,如发生调整的,以发、承包双方确认调整的金额计算。

d.索赔费用应依据发、承包双方确认的索赔事项和金额计算。

e.现场签证费用应依据发、承包双方签证资料确认的金额计算。

f.暂列金额应减去工程价款调整与索赔、现场签证金额计算,如有余额归发包人。

3)采用工程量清单计价注意事项

(1)投标计价

①建筑工程建设项目具有建设周期长、影响工程施工的社会因素难以确定、工程合同管理风险多等特点。相当部分的风险是有经验的承包人难以预测、控制和承担的,应在工程项目招标文件或合同中明确风险内容及其范围(幅度)。在采用工程量清单计价法时,必须考虑这些不定因素和潜在的风险性。

②采用工程量清单计价法时,招标文件的工程数量含有预估成分,只是为投标人提供了一

个平等的平台。投标人确定综合单价时,应根据招标文件提供施工图及说明,仔细地校对、核对工程数量后方可确定报价,规避工程量清单漏项、工程量计算偏差使组价过程存在风险。

③采用工程量清单计价法时,招标人通常仅列出措施费项目或不列项目,这种情况下投标人应依据标书中的施工方案计算措施费,规避施工措施费考虑不足带来的风险。

(2)承包施工

①技术风险和管理风险,如施工技术(方法)不当、管理成本过高等类似风险应由承包方完全承担的风险。承包方必须采取应对措施,如尽量采用先进实用或技术经济比较佳的施工技术(机具);尽可能不采用缺乏经验或不成熟的施工工艺,减低技术风险。

②材料价格、施工机械使用费等的风险,是承包方应有限度承担的市场风险,但是必须注意合同中的具体条文的限度和范围。

③承包方应完全不承担的是法律、法规、规章和政策变化的风险。基于市场交易的公平性和工程实施过程发、承包双方权、责的对等性等原则,发、承包双方应合理分摊这类风险带来的损失。

## 【案例分析】

### [案例 1]

某公司中标承接市政工程施工项目,承包合同价为 4 000 万元,工期 12 个月。承包合同规定:

(1)发包人在开工前 7 d 应向承包人支付合同价 20% 的工程预付款,其中主要材料费用占 65% 。

(2)工程质量保证金为承包合同价的 5% ,发包人从承包人每月的工程款中按比例扣留。

(3)当分项工程实际完成工程量比清单工程量增加 10% 以上时,超出部分的相应综合单价调整系数为 0.9 。

(4)规费费率 2.8% ,以分部分项工程合价为基数计算;税金率 3.41% 。

(5)在施工过程中,发生以下事件:

①工程开工后,由于地下情况与原始资料不符,进行了设计变更,该项工程工程量共计 1 200 $m^3$;完成该项工程耗用的资源为:人工 28 个工日,工资单价 78 元/工日;材料费共计 2 000 元;机械 13 个台班,机械每台班单价为 980 元。双方商定该项综合单价中的管理费以人工费与机械费之和为计算基础,管理费率 15% ;利润以人工费为计算基数,利润率 18% 。

②工程进行的前 4 个月按计划共计完成了 1 066.67 万元工作量。在工程进度至第 5 个月时,施工单位按计划进度完成了 330 万元建安工作量,同时还完成了发包人要求增加的一项工作内容。增加的工作经工程师计量后,该工程量为 400 $m^3$。经发包人批准的综合单价为 300 元/$m^3$。

③施工至第 6 个月时,承包人向发包人提交了按原综合单价计算的该项目已完工程量结算报告 360 万元。经现场计量,其中某分项工程经确认实际完成工程数量为 500 $m^3$(原清单工程数量为 350 $m^3$,综合单价 900 元/$m^3$)。

**问题:**

1.计算该项目工程预付款及其起扣点。

2.计算设计变更后的工程项目综合单价。

3.列式计算第5个月的应付工程款。

4.列式计算第6个月的应付工程款。

**参考答案:**

1.工程预付款:4 000 万元 × 20% = 800 万元

预付款起扣点:[4 000 万元 × (1 - 5%) - 800 万元]/65% = 2 569.23 万元

2.人工费:28 工日 × 78 元/工日 = 2 148 元

材料费:2 000 元

机械费:13 台班 × 980 元/台班 = 12 740 元

管理费:(2 148 + 12 740)元 × 15% = 2 233.2 元

利润:2 148 元 × 18% = 386.64 元

综合单价:(2 148 + 2 000 + 12 740 + 2 233.2 + 386.64)元 ÷ 1 200 $m^3$ = 16.26 元/$m^3$

3.增加工作的工程款:400 $m^3$ × 300 元/$m^3$ × (1 + 2.8%)(1 + 3.419) = 127 554.24 元

第5个月应付工程款:(330 + 12.755)万元 × (1 - 5%) = 325.62 万元

截至5月底共完成的工作量:1 066.67 万元 + 325.62 万元 = 1 392.29 万元

4.合同约定工程量变更幅度范围内的款项:

350 $m^3$ × 1.1 × 900 元/$m^3$ × (1 + 2.8%) × (1 + 3.41%) = 368 248.5 元

超过变更幅度以外的款项:

(500 $m^3$ - 350 $m^3$ × 1.1) × 900 元/$m^3$ × 0.95 × (1 + 2.8%) × (1.3.41%) = 104 524.9 元

该分项工程的工程款应为:

368 248.5 元 + 104 524.9 元 = 47.28 万元

承包商结算报告中该分项工程的工程款为:

500 $m^3$ × 900 元/$m^3$ × (1 + 2.8%)(1 + 3.41%) = 47.84 万元

承包商多报的该分项工程的工程款为:47.84 万元 - 47.28 万元 = 0.56 万元

第6个月应付工程款:(360 - 0.56)万元 × (1 - 5%) = 341.47 万元

## [案例2]

某国际承包工程,经监理工程师核实后的承包商报送的本月报表内容包括:该月完成永久工程价值12万元,计日工费0.3万元,运到工地的材料设备应预支款额3万元。按投标书附件规定,滞留金百分比为10%。本月工程预计款应扣还2万元,工程师签发月度付款证书的最小金额为15万元。根据合同规定,计算的价格调整系数为1.2。

**问题:**

监理工程师本月将如何签发付款证书?

**参考答案:**

1.计算本月扣留的滞留金:(12 + 0.3 + 3)万元 × 10% = 1.53 万元

2.计算承包商本月的应得款额:(12 + 0.3 + 3)万元 × 1.2 - 1.53 万元 - 2 万元 = 14.83 万元

3.确定本月的付款证书:因14.83万元 < 15万元的最小付款金额,所以监理工程师本月不予签发付款证书,该款额转至下月结算。

[**案例**3]

某建设工程建设单位与承包商签订了工程施工合同,合同工期为4个月,按月结算,合同中结算工程量为20 000 m³,合同价为100元/m³。

承包合同规定:

①开工前建设单位应向承包商支付合同价20%的预付款,预付款在合同期的最后两个月分别按40%和60%扣回。

②保留金为合同价的5%,从第一个月起按结算工程款的10%扣除,扣完为止。

③当实际累计工程量超过计划累计工程量的15%时,应对单价进行调价,调整系数为0.9。

④根据市场情况,调价系数如下表

| 月　份 | 1 | 2 | 3 | 4 |
|---|---|---|---|---|
| 调价/% | 100 | 110 | 120 | 120 |

⑤监理工程师签发的月度付款最低金额为50万元。

⑥各月计划工程量与实际工程如下表所示,承包商每月实际完成工程已经监理工程师签证确认。

| 月　份 | 1 | 2 | 3 | 4 |
|---|---|---|---|---|
| 计划工程量/m³ | 4 000 | 5 000 | 6 000 | 5 000 |
| 实际工程量/m³ | 3 000 | 5 000 | 8 000 | 8 000 |

**问题:**

1. 该工程的预付款是多少?

2. 该工程的保留金是多少?

3. 监理工程师每月应签证的工程款是多少?实际签发的付款凭证金额是多少?

4. 分析各个月的投资偏差是多少?总投资偏差是多少?

**参考答案:**

合同价款 = 20 000 m³ × 100 元/m³ = 200 万元

1. 工程预付款 = 200 万元 × 20% = 40 万元

2. 保留金 = 200 万元 × 5% = 10 万元

3. 第1个月应签工程款为 3 000 m³ × 100 元/m³ × 0.9 = 27 万元

由于合同规定监理工程师签发的最低金额为50万元,所以本月监理工程师不签发付款凭证。

第2个月应签发工程款为 5 000 m³ × 100 元/m³ × 0.9 × 1.1 = 49.5 万元

实际签发工程款 = 27 万元 + 49.5 万元 = 76.5 万元

第3个月应签发工程款为 8 000 m³ × 100 元/m³ × 1.2 = 96 万元

实际签发工程款 = 96 万元 − 40 万元 × 40% − (10 − 3 − 5.5) 万元 = 78.5 万元

第4个月累计计划工程量为 20 000 m³,累计实际工程量为 24 000 m³

因为 (24 000 − 20 000) m³/20 000 m³ × 100% = 20% > 15%,所以第4个月支付款时应进行

调价。

超计划 15%工程量为:

$24\,000\ \text{m}^3 - 20\,000\ \text{m}^3 \times (1 + 15\%) = 1\,000\ \text{m}^3$

单价调整金额 $=100\ \text{元}/\text{m}^3 \times 0.9 = 90\ \text{元}/\text{m}^3$。应签金额 $= [\,(8\,000 - 1\,000)\,\text{m}^3 \times 100\ \text{元}/\text{m}^3 + 1\,000\ \text{m}^3 \times 90\ \text{元}/\text{m}^3\,] \times 1.2 = 94.8\ \text{万元}$,实签金额 $= 94.8\ \text{万元} - 40\ \text{万元} \times 60\% = 70.8\ \text{万元}$。

4.各月投资偏差如下表。总投资偏差金额 $=75.8$ 万元

| 月　份 | 1 | 2 | 3 | 4 |
|---|---|---|---|---|
| 计划工程量/m³ | 40 | 50 | 60 | 50 |
| 实际工程量/m³ | 30 | 55 | 96 | 94.8 |
| 投资偏差/m³ | −10 | 5 | 36 | 44.8 |

## [案例4]

某房屋建筑工程项目在施工过程中发生以下事件:

事件1:施工单位在土方工程填筑时,发现取土区的土壤含水量过大,必须经过晾晒后才能填筑,增加蜂拥 30 000 元,工期延误 10 天。

事件2:基坑开挖深度为 3 m,施工组织设计中考虑的放坡系数为 0.3(已经经监理工程师批准)。施工单位为避免坑壁塌方,开挖时加大了放坡系数,使土方开挖量增加,导致费用超支 10 000 元,工期延误 1 天。

事件3:施工单位在主体钢结构吊装安装阶段发现钢筋混凝土结构上缺少相应的预埋件,经查实是由于土建施工图纸遗漏预埋件的错误所致,要返工处理。

事件4:建设单位采购的设备没有按计划时间到场,施工受到影响,施工单位要求索赔。

事件5:某分项工程由于建设单位提出工程使用功能的调整,须进行设计变更,增加了直接工程费和措施费,要求索赔。

**问题:**

分析以上各事件中监理工程师是否应该批准施工单位的索赔要求?

**参考答案:**

事件1:不应该批准。

这是施工单位应该预料到的(属于施工单位的责任)。

事件2:不应该批准。

施工单位为确保安全,自行调整施工方案(属施工单位的责任)。

事件3:应该批准。

这是由于土建施工图纸中错误造成的(属建设单位的责任)。

事件4:应该批准。

是由于建设单位采购的设备没按计划时间到场造成的(属于建设单位的责任)。

事件5:应该批准。

由于建设单位设计变更造成的(属建设单位的责任)。

**[案例5]**

某国际承包工程,经监理工程师核实后的承包商报送的本月报表内容包括:该月完成永久工程价值 12 万元,计日工费 0.3 万元,运到工地的材料设备应预支款额 3 万元。按投标书附件规定,滞留金百分比为 10% 。本月工程预计款应扣还 2 万元,工程师签发月度付款证书的最小金额为 15 万元。根据合同规定,计算的价格调整系数为 1.2。

问题:

监理工程师本月将如何签发付款证书?

参考答案:

①计算本月扣留的滞留金:$(12+0.3+3)$ 万元 $\times 10\% = 1.53$ 万元

②计算承包商本月的应得款额:$(12+0.3+3)$ 万元 $\times (1.2-1.53)$ 万元 $-2$ 万元 $=14.83$ 万元。

③确定本月的付款证书:因 14.83 万元 <15 万元的最小付款金额,所以监理工程师本月不予签发付款证书,该款额转至下月结算。

**[案例6]**

某工程项目,建设单位通过公开招标方式确定某施工单位为中标人,双方签订了工程承包合同,合同工期 3 个月。

合同中有关工程价款及其支付的条款如下:

①分项工程清单中含有两个分项工程,工程量分别为甲项 4 500 $m^3$、乙项 31 000 $m^3$,清单报价中,甲项综合单价为 200 元/$m^3$,乙项综合单价为 12.93 元/$m^3$,乙项综合单价的单价分析表见表1。当某一分项工程实际工程量比清单工程量增加超出 10% 时,应调整单价,超出部分的单价调整系数为 0.9;当某一分项工程实际工程量比清单工程量减少 10% 以上时,对该分项工程的全部工程量调整单价,单价调整系数为 1.1。

②措施项目清单共有 7 个项目,其中环境保护等 3 项措施费用 4.5 万元,这 3 项措施费用以分部分项工程量清单计价合计为基数进行结算。剩余的 4 项措施费用共计 16 万元,一次性包死,不得调价。全部措施项目费在开工后的第 1 个月末和第 2 个月末按措施项目清单中的数额分两次平均支付,环境保护措施等 3 项费用调整部分在最后一个月结清,多退少补。

③其他项目清单中只包括招标人预留金 5 万元,实际施工中用于处理变更洽商,最后一个月结算。

④规费综合费率为 4.89% ,其取费基数为分部分项工程量清单计价合计、措施项目清单计价合计、其他项目清单计价合计之和;税金的税率为 3.47% 。

⑤工程预付款为签约合同价款的 10% ,在开工前支付,开工后的前两个月平均扣除。

⑥该项工程的质量保证金为签约合同价款的 3% ,自第 1 个月起,从承包商的进度款中,按 3% 的比例扣留。

合同工期内,承包商每月实际完成并经工程师签证确认的工程量如表2所示。

表1　（乙项工程）工程量清单综合单价分析表（部分）　　单位:元/m³

| 直接费 | 人工费 | 0.54 | | 10.89 |
|---|---|---|---|---|
| | 材料费 | 0 | | |
| | 机械费 | 反铲挖掘机 | 1.83 | |
| | | 履带式推土机 | 1.39 | |
| | | 轮式装载机 | 1.50 | |
| | | 自卸卡车 | 5.63 | |
| 管理费 | 费率(%) | 12 | | |
| | 金额 | 1.31 | | |
| 利润 | 利润率(%) | 6 | | |
| | 金额 | 0.73 | | |
| 综合单价 | | 12.93 | | |

表2　各月实际完成工程量表

| 月　份<br>分项工程 | 1 | 2 | 3 |
|---|---|---|---|
| 甲项工程量/m³ | 1 600 | 1 600 | 1 000 |
| 乙项工程量/m³ | 8 000 | 9 000 | 8 000 |

**问题:**

1. 该工程签约时的合同价款是多少万元?

2. 该工程的预付款是多少万元?

3. 该工程质量保证金是多少万元?

4. 各月的分部分项工程量清单计价合计是多少万元? 并对计算过程作必要的说明。

5. 各月需支付的措施项目费是多少万元?

6. 承包商第1个月应得的进度款是多少万元? (计算结果均保留两位小数)

**参考答案:**

1. 该工程签约合同价款:

(4 500 m³×200 元/m³+31 000 m³×12.93 元/m³+45 000 元+160 000 元+50 000 元)×(1+4.89%)(1+3.47%)=168.85 万元

2. 该工程预付款:168.85 万元×10%=16.89 万元

3. 该工程质量保证金:168.85 万元×3%=5.07 万元

4. 第1个月的分部分项工程量清单计价合计:(1 600 m³×200 元/m³+8 000 m³×12.93 元/m³)=42.34 万元

第2个月的分部分项工程量清单计价合计:(1 600 m³×200 元/m³+9 030 m³×12.93 元/m³)=43.64 万元

截至第3个月末,甲分项工程累计完成工程量 1 600 m³+1 600 m³+1 000 m³=4 200 m³,

与清单工程量 4 500 m³ 相比,(4 500 − 4 200)m³/4 500 m³ =6.67% <10%,应按原价结算;乙分项工程累计完成工程量 25 000 m³,与清单工程量 31 000 m³ 相比,(31 000 − 25 000)m³/31 000)m³ = 19.35% >10%,按合同条款,乙分项工程的全部工程量应按调整后的单价计算,第 3 个月的分部分项工程量清单计价合计应为:

1 000 m³ ×200 元/m³ +25 000 m³ ×12.93 元/m³ ×1.1 − (8 000 +9 000)m³ ×12.93 元/m³ = 33.58 万元

5. 第 1 个月措施项目清单计价合计:(4.5 +16)万元 ÷2 =10.25 万元

须支付措施费:10.25 万元 ×1.048 9 ×1.034 7 =11.12 万元

第 2 个月须支付措施费:同第 1 个月,11.12 万元环境保护等 3 项措施费费率为:

45 000 m³ ÷(4 500 m³ ×200 元/m³ +31 000 m³ ×12.93 元/m³) ×100% =3.46%。第 3 个月措施项目清单计价合计:(42.34 +43.64 +33.58)万元 ×3.46% −4.5 万元 = −0.36 万元

须支付措施费: −0.36 万元 ×1.048 9 ×1.034 7 = −0.39 万元

按合同多退少补,即应在第 3 个月末扣回多支付的 0.39 万元的措施费。

6. 施工单位第 1 个月应得进度款为:

(42.34 +10.25)万元 ×(1 +4.89%)(1 +3.47%)(1 −3%) −16.89 万元 ÷2 =46.92 万元

## [案例 7]

某建筑工程合同价款总额为 600 万元,施工合同规定预付备料款为合同价款的 20%,主要材料为工程价款的 60%,在每月工程款中扣留 5% 保修金,每月实际完成工作量见下表。

**问题:**

试求预付备料款、每月结算工程款。

**每月实际完成工作量表**

| 月 份 | 1 | 2 | 3 | 4 | 5 | 6 |
|---|---|---|---|---|---|---|
| 完成工作量/万元 | 90 | 100 | 110 | 120 | 100 | 80 |

**参考答案:**

相关计算如下:

预付备料款 = 600 万元 ×20% =120 万元

起扣点 = 600 万元 −120 万元/60% =400 万元

1 月份累计完成 90 万元,结算工程款 =90 万元 −90 万元 ×5% =85.5 万元

2 月份累计完成 190 万元,结算工程款 =100 万元 −100 万元 ×5% =95 万元

3 月份累计完成 300 万元,结算工程款 =110 万元 ×(1 −5%) =104.5 万元

4 月份累计完成 420 万元,超过起扣点 400 万元

结算工程款 =120 万元 − (420 −400)万元 ×60% −120 万元 ×5% =102 万元

5 月份累计完成 520 万元

结算工程款 =100 万元 − 100 万元 ×60% −100 万元 ×5% =35 万元

6 月份完成 600 万元

结算工程款 = 80 万元 × ( 1 - 60% ) - 80 万元 × 5% = 28 万元

**[案例8]**

某建设工程业主与施工单位签订了施工合同,合同中含有两个子项目,工程量清单中甲子项目工程量为 2 300 $m^3$,乙子项目工程量为 3 200 $m^3$,经协商合同价甲子项目 180 元/$m^3$,乙子项目 160 元/$m^3$。

施工合同规定:

开工前业主向施工单位支付合同价 20% 的预付款;

业主自第一个月起,从施工单位的工程款中,按 5% 的比例扣保留金;

当子项目工程实际工程量超过估算工程量 10% 时,可进行调价,调整系数为 0.9;

动态结算根据市场情况规定价格调整系数平均按 1.2 计算;

工程师签发月度付款最低金额为 25 万元;

预付款在最后两个月扣除,每月扣 50%。

施工单位每月实际完成并经工程师签证确认的工程量如下表所示。

每月实际完成并经工程师签证确认的工程量　　　单位:$m^3$

| 月　份 | 3 | 4 | 5 | 6 |
|---|---|---|---|---|
| 甲子项目 | 500 | 800 | 800 | 600 |
| 乙子项目 | 700 | 900 | 800 | 600 |

**问题:**

1. 工程预付款是多少?

2. 每月工程价款、工程师签证确认的工程款、实际签发付款凭证金额各是多少?

**参考答案:**

工程预付款金额 = ( 2 300 $m^3$ × 180 元/$m^3$ + 3 200 $m^3$ × 160 元/$m^3$ ) × 20% = 18.52 万元

第一个月(3 月份):

工程量价款 = 500 $m^3$ × 180 元/$m^3$ + 700 $m^3$ × 160 元/$m^3$ = 20.2 万元;

应签证的工程款 = 20.2 万元 × 1.2 × ( 1 - 5% ) = 23.028 万元

由于合同规定工程师签发的最低金额为 25 万元,故本月工程师不予签发付款凭证。

第二个月(4 月份):

工程量价款 = 800 $m^3$ × 180 元/$m^3$ + 900 $m^3$ × 160 元/$m^3$ = 28.8 万元;

应签证的工程款 = 28.8 万元 × 1.2 × ( 1 - 5% ) = 32.832 万元

本月应付款为 32.832 万元;

本月工程师实际签发的付款凭证金额 = 23.028 万元 + 32.832 万元 = 56.86 万元。

第三个月(5 月份):

工程量价款 = 800 $m^3$ × 180 元/$m^3$ + 800 $m^3$ × 160 元/$m^3$ = 27.2 万元;

应签证的工程款 = 27.2 万元 × 1.2 × ( 1 - 5% ) = 31.008 万元;

应扣预付款 = 18.52 万元 × 50% = 9.26 万元;

本月应付款为 31.008 万元 - 9.26 万元 = 21.748 万元;

因本月应付款金额小于 25 万元,故本月工程师不予签发付款凭证。

第四个月(6 月份):

甲子项目累计完成工程量为 2 700 $m^3$,比原清单工程量 2 300 $m^3$ 超出 400 $m^3$,已经超过清单工程量的 10%,超出部分其单价应进行调整。则

超过清单工程量的 10% 的工程量 = 2 700 $m^3$ – 2 300 $m^3$ × (1 + 10%) = 170 $m^3$;

这部分工程量单价应调整为:180 元/$m^3$ × 0.9 = 162 元/$m^3$;

甲子项目工程量价款 = (600 $m^3$ – 170 $m^3$) × 180 元/$m^3$ + 170 $m^3$ × 162 元/$m^3$ = 10.494 万元;

乙子项目累计完成工程量为 3 000 $m^3$,比原清单工程量 3 200 $m^3$ 减少 200 $m^3$,不超过原清单工程量,其单价不需进行调整。则

乙子项目工程量价款 = 600 $m^3$ × 160 元/$m^3$ = 9.6 万元;

本月完成甲、乙两个子项目工程量价款合计 = 10.494 万元 + 9.6 万元 = 20.094 万元;

应签证的工程款 = 20.094 万元 × 1.2 × (1 – 5%) = 22.907 万元;

应扣预付款 = 18.52 万元 × 50% = 9.26 万元;

本月应付款为 22.907 万元 – 9.26 万元 = 13.647 万元;

本月工程师实际签发的付款凭证金额 = 21.748 万元 + 13.647 万元 = 35.395 万元。

[案例 9]

某市政工程,合同规定结算款 200 万元,合同原始报价日期为 2011 年 5 月,工程于 2012 年 8 月建成交付使用,工程人工费、材料费构成比例以及有关造价指数见下表。

问题:

试计算实际结算款。

**费用构成比例以及有关造价指数表**

| 项 目 | 人工费 | 钢材 | 水泥 | 集料 | 砌块 | 砂 | 木材 | 不调值 |
|---|---|---|---|---|---|---|---|---|
| 比例/% | 30 | 10 | 10 | 5 | 15 | 6 | 4 | 20 |
| 2011 年 5 月指标 | 100 | 102 | 103 | 96 | 93 | 95 | 101 | |
| 2012 年 8 月指标 | 110 | 98 | 112 | 98 | 90 | 95 | 105 | |

**参考答案:**

由题意知,调值部分为 0.8,其中各种费用比例如表所示。

根据调值公式:

$$P = P_0\left(a_0 + a_1 \times \frac{A}{A_0} + a_2 \times \frac{B}{B_0} + a_3 \times \frac{C}{C_0} + a_4 \times \frac{D}{D_0}\right)$$

该市政工程结算的工程价款 =

200 万元 × $\left(0.2 + 0.3 \times \dfrac{110}{100} + 0.1 \times \dfrac{98}{102} + 0.1 \times \dfrac{112}{103} + 0.05 \times \dfrac{98}{96} + 0.15 \times \dfrac{90}{93} + 0.06 \times \dfrac{95}{95} + 0.04 \times \dfrac{105}{101}\right)$ = 206.52 万元

[案例 10]

某建筑工程由外商投资建设,业主与承包商按照 FIDIC 合同条件签订了施工合同。施工合

同《专用条件》规定：水泥、木材、钢材由业主供货到施工现场仓库，其他材料由承包商自行采购。

当工程施工至第6层框架柱钢筋绑扎时，业主提供的钢筋未到使该项作业从5月3日至5月17日停工（该项作业的总时差为零）。

5月7日至5月9日因停电、停水使第4层的砌砖停工（该项作业的总时差为4天）。

5月14日至5月17日因砂浆搅拌机发生故障使第2层抹灰延迟开工（该项作业的总时差为4天）。

为此，承包商于5月18日向工程师提交了一份索赔意向书，并于5月25日送交了一份工期、费用索赔计算书和索赔依据的详细材料。其计算书如下：

1. 工期索赔

①框架柱扎筋5月3日至5月17日停工：计15天。

②砌砖5月7日至5月9日停工：计3天。

③抹灰5月14日至5月17日迟开工：计3天。

总计请求展延工程：21天。

2. 费用索赔

(1)窝工机械设备费如下：

1台塔吊：15天×234元/天＝3 510元

1台混凝土搅拌机：15天×60元/天＝900元

1台砂浆搅拌机：6天×25元/天＝150元

小计：4 560元

(2)窝工人工费如下：

支模：9 876.50元

砌砖：30×30×3＝2 700元

抹灰：35×30×3＝3 150元

小计：15 726.5元

(3)保函费延期补偿：450元

(4)利润损失：(4 560元＋15 726.5元＋450元＋18 000.5元)×5%＝1 936.85元

经济索赔合计：40 673.85元

**问题：**

1. 承包商提出的工期索赔是否正确？应予批准的工期索赔为多少天？

2. 假定经双方协商一致，窝工机械设备费索赔按台班单价的60%计算；考虑对窝工人工应合理安排工人从事其他作业后的降效损失，窝工人工费索赔按每工日10元计算；保函费计算方式合理；管理费、利润损失不予补偿。试确定经济索赔额。

**案例解析**

该案例主要考核工程索赔成立的条件与索赔责任的划分，工期索赔、费用索赔计算与审核。分析该案例时，要注意网络计划关键线路，工作的总时差、自由时差的概念及对工期的影响，因非承包商原因造成窝工的人工与机械增加费的确定方法。

1. 承包商提出的工期索赔不正确。

①框架柱钢筋绑扎停工 15 天,应予工程补偿。这是由于业主原因造成的,且该项作业位于关键路线上。

②砌砖停工,不予工期补偿。因为该项停工虽属于业主原因造成的,但该项作业不在关键线路上,且未超过工作总时差。

③抹灰停工,不予工期补偿,因为该项停工属于承包商自身原因造成的。

同意工期补偿:15 天 + 0 天 + 0 天 = 15 天

2. 经济索赔审定如下:

① 窝工机械费方面。

塔吊 1 台:15 天 × 234 元/天 × 60% = 2 106 元(按惯例闲置机械只应计取折旧费)

混凝土搅拌机 1 台:15 天 × 60 元/天 × 60% = 540 元(按惯例闲置机械只应计取折旧费)

砂浆搅拌机:3 天 × 25 元/天 × 60% = 45 元(按停电闲置可按折旧计取)

因故障砂浆搅拌机停机 3 天应由承包商自行负责损失,故不予补偿。

小计:2 106 元 + 540 元 + 45 元 = 2 691 元

②窝工人工费方面。

绑扎钢筋窝工:35 × 10 × 15 = 5 250 元(业主原因造成,但窝工工人已做其他工作,所以只补偿工效差)。

砌砖窝工:30 × 10 × 3 = 900 元(业主原因造成,只考虑降效费用);

抹灰窝工:不应予以补偿,因系承包商责任。

小计:5 250 元 + 900 元 = 6 150 元

③保函费补偿方面。

保函费补偿共计 450 元。

④管理费增加方面。

一般不予补偿。

⑤利润补偿方面。

通常因暂时停工不予补偿利润损失。

经济补偿合计:2 691 元 + 6 150 元 + 450 元 = 9 291 元

## [案例 11]

某建筑安装工程项目,业主与承包商签订的施工合同为 600 万元,工期为 3 月至 10 月共 8 个月,合同规定如下:

(1)工程备料款为合同价的 25%,主材比重 62.5%。

(2)保留金为合同价的 5%,从第一次支付开始,每月按实际完成工程量价款的 10% 扣留。

(3)业主提供的材料和设备在发生当月的工程款中扣回。

(4)施工中发生经确认的工程变更,在当月的进度款中予以增减。

(5)当承包商每月累计实际完成工程量价款少于累计计划完成工程量价款占该月实际完成工程量价款的 20% 及以上时,业主按当月实际完成工程量价款的 10% 扣留,该扣留项当承包商赶上计划进度时退还。但发生非承包商原因停止时,这里的累计实际工程量价款按每停工 1 天计 2.5 万元。

(6)若发生工期延误,每延误 1 天,责任方向对方赔偿合同价的 0.12% 的费用,该款项在竣工时办理。

在施工过程中3月份由于业主要求设计变更,工期延误10天,共增加费用25万元;8月份发生台风,停工7天;9月份由于承包商的质量问题,造成返工,工期延误13天;最终工程于11月底完成,实际施工9个月。

经工程师认定的承包商在各月计划和实际完成的工程量价款及由业主直供的材料、设备的价值见下表,表中未计入由于工程变更等原因造成的工程款的增减数额。

**各月计划和实际工程量价款**　　　　　　　　　　单位:万元

| 月　份 | 3 | 4 | 5 | 6 | 7 | 8 | 9 | 10 | 11 |
|---|---|---|---|---|---|---|---|---|---|
| 计划完成工程量价款 | 60 | 80 | 100 | 70 | 90 | 30 | 100 | 70 | |
| 实际完成工程量价款 | 30 | 70 | 90 | 85 | 80 | 28 | 90 | 85 | 43 |
| 业主直供材料设备价 | 0 | 18 | 21 | 6 | 24 | 0 | 0 | 0 | 0 |

**问题:**

1. 备料款的起扣点是多少?

2. 工程师每月实际签发的付款凭证金额为多少?

3. 业主实际支付多少? 若本项目的建筑安装工程业主计划投资为615万元,则投资偏差为多少?

**案例解析:**

1. 备料款 = 600万元 × 25% = 150万元

备料款起扣点 = 600万元 - 150万元/62.5% = 360万元

2. 每月累计计划与实际工程量价款见下表。

**每月累计计划与实际工程量价款**　　　　　　　　　　单位:万元

| 月　份 | 3 | 4 | 5 | 6 | 7 | 8 | 9 | 10 | 11 |
|---|---|---|---|---|---|---|---|---|---|
| 计划完成工程量 | 60 | 80 | 100 | 70 | 90 | 30 | 100 | 70 | |
| 累计计划完成工程量 | 60 | 140 | 240 | 310 | 400 | 430 | 530 | 600 | 600 |
| 实际完成工程量 | 30 | 70 | 90 | 85 | 80 | 28 | 90 | 85 | 42 |
| 累计实际完成工程量 | 55 | 125 | 215 | 300 | 380 | 425.5 | 515.5 | 600.5 | 642.5 |
| 投资偏差 | -5 | -15 | 25 | -10 | -20 | -4.5 | -14.5 | 0.5 | 42.5 |

表中,3月份的累计实际完成工程量价款,应加上设计变更增加的25万元,即30万元 + 25万元 = 55万元。

8月份应加上台风7天停工的计算款额:2.5万元 × 7 = 17.5万元

累计完成工程量:28万元 + 380万元 + 17.5万元 = 425.5万元

保修金总额:600万元 × 5% = 30万元

各月签发的付款凭证金额如下:

3月份:

应签证的工程款为:30 万元 + 25 万元 = 55 万元

签发付款凭证金额:55 万元 - 30 万元 × 10% = 52 万元

4 月份:

签发付款凭证金额 = 70 万元 - 70 万元 × 10% - 18 万元 - 70 万元 × 10% = 38 万元

5 月份:

签发付款凭证金额 = 90 万元 - 90 万元 × 10% - 21 万元 - 90 万元 × 10% = 51 万元

6 月份:

签发付款凭证金额 = 85 万元 - 85 万元 × 10% - 6 万元 = 70.5 万元

到本月为止,保留金共扣 3 万元 + 7 万元 + 9 万元 + 8.5 万元 = 27.5 万元,下月还需扣留 30 万元 - 27.5 万元 = 2.5 万元。

7 月份:

签发付款凭证金额 = 80 万元 - 2.5 万元 - 24 万元 - 80 万元 × 10% = 45.5 万元

8 月份:

累计完成合同价 = 30 万元 + 70 万元 + 90 万元 + 85 万元 + 80 万元 + 28 万元 = 383 万元,大于 360 万元应扣回备料款。

签发付款凭证金额 = 28 万元 - (383 万元 - 360 万元) × 62.5% = 13.625 万元

9 月份:

签发付款凭证金额 = 90 万元 - 90 万元 × 62.5% = 33.75 万元

10 月份:

本月进度赶上计划进度,应返还 4 月、5 月、7 月扣留的工程款。

签发付款凭证金额 = 85 万元 - 85 万元 × 62.5% + (70 万元 + 90 万元 + 80 万元) × 10% = 55.875 万元

11 月份:

本月为工程延误期,按合同规定,设计变更,承包商可以向业主索赔延误工期 10 d,台风为不可抗力,业主不赔偿费用损失,工期顺延 7 d,承包商质量问题返工损失,应由承包商承担。索赔工期 10 d + 7 d = 17 d,实际总工期 9 个月,拖延了 30 d - 17 d = 13 d,罚款 13 d × 600 万元/d × 0.12%。

签发付款凭证金额 = 42 万元 - 42 万元 × 62.5% - 600 万元/d × 0.12% × 13 d = 6.39 万元

3. 本项目业主实际支出为:600 万元 + 25 万元 - 600 万元/d × 0.12% × 13 d = 615.64 万元

投资偏差 = 615.64 万元 - 615 万元 = 0.64 万元

[案例 12]

某工程项目施工承包合同价为 300 万元,双方合同中规定工程开工时间为 3 月 1 日,竣工时间为 6 月 30 日,甲、乙双方补充协议,该工程施工中发生的变更、签证等可按实调整,工期每提前(延误)1 d 奖(罚)5 000 元,该项目施工中发生以下一些事件:

事件 1:本应于 3 月 1—5 日完成的土方工程,由于发现了地质勘察报告中未注明的地下障碍物,排除障碍物比合同内多挖土方 500 m³。

合同内土方量 2 000 m³,综合单价 25 元/ m³,根据协议超过合同工程量 15% 时,超过部分可调价,其调价系数为 1.2。地基加固处理费 2 万元,土方至 3 月 10 日才完成。

事件2:施工单位自购的钢材,经检测合格,检测费1 000元。监理工程师对此钢材质量有怀疑,要求复检,复检结果仍合格,再次检测又花费1 000元。

事件3:在一个关键工作面上发生以下原因造成暂时停工:5月21—27日承包商的施工机械设备出现了从未出现的故障;应于5月25日交给承包商的后续图纸直到6月10日才交;6月7—12日该地区出现了特大风暴,造成了6月11—14日该地区的供电中断。该事件因业主原因每延长1 d,补偿损失费2 000元。工程最终于7月20日竣工。

**问题:**

承包商均在合理的时间内向业主提出了索赔要求,试对各事件逐个进行分析,该工程最后给予承包商的总费用为多少?

**参考答案:**

事件1:地质勘察报告中未注明的地下障碍物,排除障碍物多挖土方,工期延长属于业主原因。

按合同规定需要调价部分的工程量 = 500 m³ − 2 000 m³ × 15% = 200 m³,则

多挖土方价款:300元 × 25元/m³ + 200元 × 25元/m³ × 1.2 = 13 500元

事件1:总费用　20 000元 + 13 500元 = 33 500元,工期延长5 d。

事件2:监理工程师要求复检的材料,若合格,业主承担检测费;若不合格,则业主不承担,由施工单位承担检测费。本例监理工程师复检材料合格,业主应给予施工单位检测费:1 000元。

事件3:5月21—27日承包商的原因,不考虑费用与工期索赔。

5月28日—6月6日业主原因,费用补偿,工期延长。工期延长10 d,费用补偿为10 d × 2 000元/d = 20 000元。

6月7—12日为自然灾害,不补偿费用,工期延长6 d。

6月13—14日业主原因,费用补偿,工期延长2 d,费用补偿:2 d × 2 000元/d = 4 000元。

事件4:合计工期延长:10 d + 6 d + 2 d = 18 d,费用补偿:20 000元 + 4 000元 = 24 000元

由于工程实际于7月20日竣工,可原谅的工期可延长5 d + 18 d = 23 d,也即可原谅的竣工工期为7月23日,则实际竣工日提前3 d,奖励3 d × 5 000元/d = 15 000元。

该工程最后应给予承包商的总费用为:300万元 + 3.35万元 + 0.1万元 + 2.4万元 + 1.5万元 = 307.5万元。

# 模块 7　其他工程管理综合案例

**[案例 1]**

A 公司中标某城市旧区市政道路改扩建工程,改建后道路升级至城市主干道,并将原来处于快车道下雨水线、给水和燃气等 3 条管线拆移至新建路的辅路或人行道。合同内的 3 条管线施工由建设单位直接分包给 3 家专业公司分别承担,但 A 公司作为工程总承包单位负责土建配合。工程竣工验收前,A 公司请某市城建档案馆有关人员对施工技术资料进行预验收,发现缺少给水管和燃气管线功能性试验记录,管线施工验收资料的总承包单位签字不全等问题。A 公司施工项目部负责人解释说除土建部分资料外不归他们负责,是专业公司直接请专业监理工程师验收签字,资料由专业公司负责交建设单位,但是城建档案馆拒绝出具预验收合格证明。

**问题:**

1.试分析城建档案馆拒绝出具施工资料预验收合格的主要原因。

2.A 公司施工项目部负责人解释正确吗,为什么?

3.由建设单位直接分包的专业工程施工资料应如何整理移交?

**参考答案:**

1.首先,竣工验收前对施工技术资料进行预验收,应由建设单位出面组织,而不是由 A 公司出面组织。再者,实行总承包的工程项目,由总承包单位负责汇集,整理所有的有关施工资料,并按相关规范规定进行编制、移交和保存。由此可以认定 A 公司提供的资料不全,不符合预验收的规定。

其中应移交城建档案馆资料包括所有管道功能性试验记录。并按有关规定向分包单位应主动向总承包单位移交有关施工资料。请当地城建档案管理机构,预验收合格后方可竣工验收。

2.A 公司施工项目部负责人的解释不正确。因为实行总承包的工程项目的专业分包施工资料应由总承包单位收集整理,而且施工资料应随施工进度及时(同时)形成。竣工验收前出现资料不全只能说明 A 公司施工项目部施工资料管理存在问题。

3.由建设单位直接分包专业工程的现象普遍存在,但是建设单位在施工总承包合同中对施工资料的编制要求和移交都有明确规定。相关规范也有明确规定:总承包工程项目,由总承包单位负责汇集,并整理所有有关施工资料;分包单位应主动向总承包单位移交有关施工资料。特别是需总承包项目部注册建造师执业签章的,必须履行总承包方责任严格按有关法规规定签字、盖章。竣工验收前,由总承包单位向建设单位和当地城建档案馆办理移交手续。

**[案例 2]**

某施工单位承担了某综合办公楼的施工任务,并与建设单位签订了该项目建设工程施工合同,合同价 3 200 万元人民币,合同工期 28 个月。该工程未进行投保保险。某监理单位受建设单位委托承担了该项目的施工阶段监理任务,并签订了监理合同。

在工程施工过程中,遭受暴风雨不可抗力的袭击,造成了相应的损失。施工单位及时向监

理工程师提出索赔要求,并附索赔有关的材料和证据。索赔报告中的基本要求如下:

1. 遭暴风雨袭击系非施工单位原因造成的损失,故应由建设单位承担赔偿责任。

2. 给已建部分工程造成破坏,损失 26 万元,应由建设单位承担修复的经济责任。

3. 因为此灾害使施工单位人员 8 人受伤。处理伤病医疗费用和补偿金总计 2.8 万元,建设单位应给予补偿。

4. 施工单位进场使用的机械、设备受到损坏,造成损失 6 万元;由于现场停工造成机械台班费损失 2 万元,工人窝工费 4.8 万元,建设单位应承担修复和停工的经济责任。

5. 因此灾害造成现场停工 5 d,要求合同工期顺延 5 d。

6. 由于工程被破坏,清理现场需费用 2.5 万元,应由建设单位支付。

问题:

1. 监理工程师接到施工单位提交的索赔申请后,应进行哪些工作?《施工合同示范文本》对处理索赔的时限是如何规定的?

2. 不可抗力发生风险承担的原则是什么?

3. 如何处理施工单位提出的要求?

**参考答案:**

1. 应进行以下主要工作:①进行调查、取证;②审查索赔成立条件,确定索赔是否成立;③分清责任,认可合理索赔;④与施工单位协商,统一意见;⑤签发索赔报告,处理意见报建设单位核准。

《施工合同示范文本》规定:工程师收到承包人递交的索赔报告和有关资料后,于 28 d 内给予答复或要求承包人进一步补充索赔理由和证据;如果在 28 d 内既未答复,也未对承包人进一步要求,则视为承包人的索赔要求已经被认可。

2. 不可抗力风险承担责任的原则:

①工程本身的损害,因工程损害导致第三方人员伤亡和财产损失以及运至施工场地用于施工的材料和待安装的设备的损害,由发包人承担;②承发包双方人员的伤亡损失,分别由其所在单位负责,并承担相应费用;③承包人机械设备损坏及停工损失,由承包人承担;④停工期间,承包人应工程师要求留在施工场地的必要管理人员及保卫人员的费用由发包人承担;⑤工程所需清理、修复费用,由发包人承担;⑥延误的工期相应顺延。

3. 对于施工单位提出的要求逐条处理如下:

①经济损失按上述原则由双方分别承担,工程延期应予签证顺延;②工程修复、重建 26 万元工程款由建设单位支付;③2.8 万元索赔不予认可,由施工单位承担;④机械、设备受到损坏损失 6 万元,现场停工造成机械台班费损失 2 万元,工人窝工费 4.8 万元索赔不予认可,由施工单位承担;⑤现场停工 5 d 索赔认可,顺延合同工期 5 d;⑥清理现场 2.5 万元索赔认可,由建设单位承担。

## [案例 3]

某实施监理的工程项目,监理工程师对施工单位报送的施工组织设计审核时发现两个问题:一是施工单位为方便施工,将设备管道竖井的位置作了移位处理;二是工程的有关试验主要安排在施工单位试验室进行。总监理工程师分析后认为,施工单位的管道竖井移位方案可能影响工程使用功能和结构安全,对此方案作了部分修改,并在该施工组织设计报审表上签字同意和送达建设单位。同时指示专业监理工程师对施工单位试验室资质等级及其试验范围等进行考核。

项目监理过程中发生如下几个事件：

事件1：基坑开挖前，专业监理工程师复核施工单位报验的测量成果时，发现对测量控制点的保护措施不当，造成建立的施工测量控制网失效，随即经总监理工程师签字向施工单位发出了《监理工程师通知单》。

事件2：设备安装施工，要求安装人员有安装资格证书。专业监理工程师检查时发现施工单位安装人员与资格报审名单中的人员不完全相符，其中5名安装人员无安装资格证书，他们已参加并完成了该工程的一项设备安装工作。

事件3：设备调试时，总监理工程师发现施工单位未按技术规程要求进行调试，存在较大的质量和安全隐患，立即签发了工程暂停令，并要求施工单位整改。施工单位用了两天时间整改后被指令复工。对此次停工，施工单位向总监理工程师提交了费用索赔和工程延期的申请，强调设备调试为关键工作，停工两天导致人员窝工和设备闲置，建设单位应给予工期顺延和费用补偿，理由是虽然施工单位未按技术规程调试但并未出现质量和安全事故，停工两天是监理单位要求的。

**问题：**

1. 总监理工程师对施工单位报送的施工组织设计内容的审批处理是否妥当？说明理由。

2. 专业监理工程师对施工单位试验室除考核资质等级及其试验范围外，还应考核哪些内容？

3. 事件1中专业监理工程师的做法是否妥当？《监理工程师通知单》中对施工单位的要求应包括哪些内容？

4. 监理单位应如何处理事件2？设备安装分项工程施工质量验收合格应符合哪些规定？

5. 在事件3中，总监理工程师的做法是否妥当？施工单位的费用索赔和工程延期要求是否应该被批准？说明理由。

**参考答案：**

1. 对于施工组织设计内容的审批：第一个问题的处理是不妥当的，因总监理工程师无权改变施工方案。第二个问题的处理妥当，这是监理的工作职责。

2. 专业监理工程师还应从以下几个方面对承包单位的试验室进行考核：

①本试验室能开展的实验、检测项目及其仪器、设备；②法定计量部门对计量器具的标定证明文件；③试验检测人员的资格证书；④试验室的管理制度。

3. ①发出《监理工程师通知单》妥当。②《监理工程师通知单》的主要内容：重新建立施工测量控制网；改进保护措施。

4. 监理单位应要求施工单位将无安装资格证书的人员清除出场，并请有资格的检测单位对已完工的部分进行检查。

设备安装分项工程施工质量验收合格应符合的规定：①分项工程所含的检验批均应符合合格质量规定；②分项工程所含的检验批质量验收记录应完整。

5. 妥当。施工单位的费用索赔和工程延期要求不应该被批准，因为暂停施工的原因是施工单位未按技术规程要求操作，属施工单位的原因。

[案例4]

监理单位承担了某工程的施工阶段监理任务,该工程由甲施工单位总承包。甲施工单位选择了经建设单位同意并经监理单位进行资质审查合格的乙施工单位作为分包。施工过程中发生了以下事件:

事件1:专业监理工程师在熟悉图纸时发现,基础工程部分设计内容不符合国家有关工程质量标准和规范。总监理工程师随即致函设计单位要求改正并提出更改建议方案。设计单位研究后,口头同意了总监理工程师的更改方案,总监理工程师随即将更改的内容写成监理指令通知甲施工单位执行。

事件2:施工过程中,专业监理工程师发现乙施工单位施工的分包工程部分存在质量隐患,为此,总监理工程师同时向甲、乙两施工单位发出了整改通知。甲施工单位回函称:乙施工单位施工的工程是经建设单位同意进行分包的,所以本单位不承担该部分工程的质量责任。

事件3:专业监理工程师在巡视时发现,甲施工单位在施工中使用未经报验的建筑材料,若继续施工,该部位将被隐蔽。因此,立即向甲施工单位下达了暂停施工的指令(因甲施工单位的工作对乙施工单位有影响,乙施工单位也被迫停工)。同时,指示甲施工单位将该材料进行检验,并报告了总监理工程师。总监理工程师对该工序停工予以确认,并在合同约定的时间内报告了建设单位。检验报告出来后,证实材料合格,可以使用,总监理工程师随即指令施工单位恢复正常施工。

事件4:乙施工单位就上述停工自身遭受的损失向甲施工单位提出补偿要求,而甲施工单位称此次停工系执行监理工程师的指令,乙施工单位应向建设单位提出索赔。

事件5:对上述施工单位的索赔建设单位称本次停工系监理工程师失职造成,且事先未征得建设单位同意。因此,建设单位不承担任何责任,由于停工造成施工单位的损失应由监理单位承担。

**问题:**

1.请指出事件1中总监理工程师上述行为的不妥之处并说明理由。总监理工程师应如何正确处理?

2.事件2中甲施工单位的答复是否妥当?为什么?总监理工程师签发的整改通知是否妥当?为什么?

3.事件3中专业监理工程师是否有权签发本次暂停令?为什么?下达工程暂停令的程序有无不妥之处?请说明理由。

4.事件4中甲施工单位的说法是否正确?为什么?乙施工单位的损失应由谁承担?

5.事件5中建设单位的说法是否正确?为什么?

**参考答案:**

1.不妥之处:不应直接致函设计单位。理由:监理单位只承担施工阶段监理任务,无权直接处理设计变更。

正确处理:发现问题应向建设单位报告,由建设单位向设计单位提出变更要求。

2.(1)不妥。理由:分包单位的任何违约行为导致工程损害或给建设单位造成的损失,总承包单位承担连带责任。

(2)不妥。理由:整改通知单应签发给甲施工单位,因为乙施工单位和建设单位没有合同关系。

3.（1）无权签发《工程暂停令》。理由：因这是总监理工程师的权力。

（2）程序有不妥之处。理由：专业监理工程师应报告总监理工程师，由总监理工程师签发工程暂停令。

4.不正确。理由：乙施工单位与建设单位没有合同关系，乙施工单位的损失应由甲施工单位承担。

5.不正确。理由：因监理工程师是在合同授权内履行职责，施工单位所受的损失不应由监理单位承担。

## [案例5]

经过有关部门批准后，某工程项目业主自行组织施工公开招标。该工程项目为政府的公共工程，已经列入地方的年度固定资产投资计划，概算已经主管部门批准，但征地工作尚未完成，施工图及有关技术资料齐全。因估计除本市施工企业参加投标外，还可能有外省市施工企业参加投标，因此业主委托咨询公司编制了两个标底，准备分别用于对本市和外省市施工企业投标的评定。业主要求将技术标和商务标分别封装。

精诚建筑公司经过对该工程招标文件的认真研究决定参加该工程投标，拟定了投标活动的基本工作内容及其先后顺序为：①投标申请；②接受资格审查；③领取招标文件；④参加投标预备会；⑤参加现场踏勘；⑥编制投标文件；⑦编制项目可行性研究论证报告；⑧投送投标文件；⑨投标文件内容说明与陈述；⑩参加开标会议；⑪签订合同。该建筑公司完成投标文件后，在封口处加盖了本单位的公章，并由项目经理签字后，在投标截止日期的前1d将投标文件报送业主，当天下午，该承包公司又递交了一份补充材料，声明将某项分项工程原报综合单价降低5%，但是业主的有关人员认为，一个承包商不得递交两份投标文件，因而拒收该公司的补充材料。

开标会议由市招投标管理机构主持，市公证处有关人员到会。开标前，市公证处人员对投标单位的资质进行了审查，确认所有投标文件均有效后正式开标。业主在评标之前组建了评标委员会，成员共8人，其中业主人员占5人。

通过评标和定标，业主向中标的精诚建筑公司发出中标通知书。在签订合同时，业主进一步要求降低总造价20%，该承包公司亦同意。在正式签订工程合同之后的第15d，业主将定标结果通知其余未中标人，并上报给招投标主管部门。

**问题：**

1.该工程招标和评标工作中有哪些不妥之处？

2.精诚建筑公司拟定的各项投标工作的先后顺序有何不妥？

3.定标后业主的做法有哪些不妥之处？

**参考答案：**

1.不妥之处：

①因征地工作尚未完成，因此不能进行施工招标；

②一个工程不能编制两个标底，只能编制一个标底；

③业主以不合理的条件排斥了潜在的投标人；

④精诚建筑公司的投标文件若由项目经理签字，应由法定代表人签发授权委托书；

⑤在投标截止日期之前的任何时间,投标人都可以递交投标文件,也可以对投标文件作出补充与修正,业主不得拒收;

⑥开标工作应由业主主持,而不应由招投标管理机构主持;

⑦市公证处人员无权对投标单位的资质进行审查;

⑧评标委员会必须是5人以上的单数,而且业主方面的专家最多占1/3,本项目评标委员会组成不符合规定。

2. 不妥之处:①参加投标预备会不应在现场踏勘之前;②编制项目可行性研究论证报告不应在编制投标文件之后;③投标文件内容说明与陈述不应在参加开标会议之前。

3. 不妥之处:①应根据招标文件和投标文件的实质性内容签订工程合同,建设单位进一步要求降低总造价且承包商同意,双方都有错误;②将定标结果通知未中标人的时间过迟,应在向中标人发出中标通知书的同时,将定标结果通知所有未中标人;③将定标结果上报给招投标主管部门的时间过迟,应在确定中标人后的15个工作日内,向招投标主管部门提交招投标情况的书面报告。

## [案例6]

某监理公司承担了一个工程项目的全过程全方位的监理工作。在讨论制订监理规划的会议上。监理单位人员对编制监理规划提出了构思。以下是其一部分内容:

1. 监理规划的主要原则和依据

①建设监理规划必须符合监理大纲的内容;

②建设监理规划必须符合监理合同的要求;

③建设监理规划必须结合项目的具体实际;

④建设监理规划的作用应为监理单位的经营目标服务;

⑤监理规划的依据包括政府部门的批文、国家和地方的法律、法规、规范、标准等;

⑥建设监理规划应对影响目标实现的多种风险进行,并考虑采取相应的措施。

2. 项目的组织结构及合同结构

①在整个项目实施过程中,项目的组织结构如图1所示。

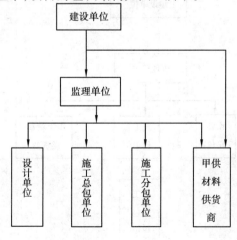

注:"→"表示指令关系

图1

②项目实施过程中,项目的合同关系如图2所示。

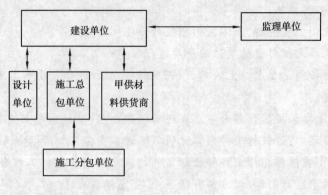

图2

**问题:**

1. 判断以下说法正确与否。

①建设监理规划应在监理合同签订以后编制。 ( )

②在项目的设计、施工等实施过程中,监理规划作为指导整个监理工作的纲领性文件,不能修改和调整。 ( )

③建设监理规划应由项目总监主持编制,是项目监理组织有序地开展监理工作的依据和基础。 ( )

④建设监理规划中必须对项目的三大目标进行分析论证,并提出保证的措施。 ( )

2. 在背景材料——监理规划的主要原则和依据中,你认为哪一项是错误的?

3. 在项目的组织结构及合同结构中,你认为是否正确,如不正确,请用图表示出正确的结构。

**参考答案:**

1. ①,③,④正确;②错误。

2. ④是错误的。

3. 组织结构错误,正确如图3所示:

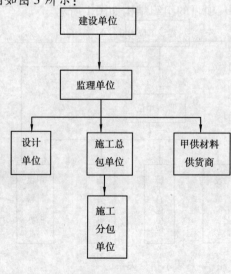

图3

改出:甲供材料供货单位

施工分包单位

项目的合同结构没错

[**案例**7]

某工程建设项目分为两个相对独立的标段(合同段),业主组织了招标并分别和两家施工单位签订了施工承包合同,承包合同价分别为 4 651 万元和 4 223 万元人民币,合同工期分别为 38 个月和 36 个月。根据第二标段施工合同约定,合同内的装饰工程由施工单位分包给专业装饰工程公司施工。工程建设项目施工前,业主委托了一家监理公司承担施工监理任务。

一、总监理工程师根据本项目合同结构特点,组建了监理组织机构,绘制了业主、监理、被监理单位三方关系示意图如图 4 所示。

二、按如下要求编制了监理规则

1. 监理规划的内容构成应具有统一性。

2. 监理规划的内容应具有针对性。

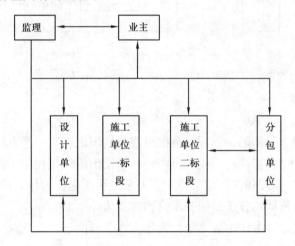

注:◄──► 合同关系;──► 监理关系

图 4　三方关系示意图

3. 监理规划的内容应具有指导编制项目资金筹措计划的作用。

4. 监理规划的内容应能协调项目在实施阶段进度的控制。

三、监理规划的部分内容

(一)工程概况(略)

(二)监理阶段、范围和目标

1. 监理阶段——本工程建设项目的施工阶段。

2. 监理范围——本工程建设项目的两个施工合同标段内的工程。

3. 监理目标——静态投资目标:8 874 万元人民币,进度目标:38 个月,质量目标:优良。

(三)监理工作内容

1. 协助业主组织施工招标工作。

2. 审核工程概算。

3.审查、确认承包单位选择的分包单位。

4.检查工程使用的材料、构件、设备的规格和质量(略)。

(四)监理控制措施

监理工程师应将主动控制与被动控制工作紧密相结合,按下列控制流程进行控制工程建设项目的施工。

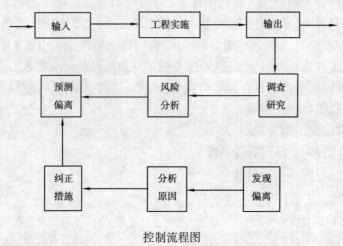

控制流程图

(五)监理组织结构与职责

(六)监理工作制度

**问题:**

1.若要求每位监理工程师的工作职责范围只能分别限定在某一个合同标段范围内,则总监理工程师应当建立什么样的监理组织机构形式?并请绘出组织结构示意图。

2.图中表达的业主、监理和被监理单位三方关系是否正确?为什么?

3.编制监理规划所依据的各条编制要求恰当否?为什么?

4.监理规划中的内容有哪些不妥之处?为什么?怎样改正?

**参考答案:**

1.总监理工程师应建立直线制监理组织机构其示意图如下:

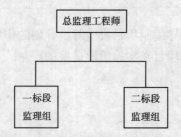

2.图中所表达的三方关系不正确。因为:

(1)业主与分包单位之间不是合同关系。

(2)监理阶段为施工阶段,监理单位与设计单位之间无监理与被监理关系。

(3)业主与分包单位之间无直接合同关系,监理单位与分包单位之间不是直接的监理与被监理关系。

3.在监理规划编制要求中

第1条内容恰当,因为监理规划作为指导监理组织全面开展监理工作的指导性文件,在总体内容组成上应力求做到统一;

第2条内容恰当,因所有工程项目都具有单件性和一次性的特点,只有具有针对性,监理规划才能真正起到指导监理工作的作用;

第3条不恰当,因为资金筹措计划在项目决策阶段是由业主确定;

第4条不恰当,因监理规划是施工阶段的,而不是实施阶段的。

4.在监理规划的内容中,监理目标不妥,因为监理目标不明确,应按两个标段的承包合同分别列出各分解控制目标。

监理内容中第1条不妥,因为已签订了施工合同,施工招标工作不应列入监理规划中;监理内容中第2条亦不妥,因为审查概算是设计阶段的工作内容,故不应列入本监理规划中。

主动控制与被动控制的工作流程关系不妥,因为主动控制与被动控制的工作流程关系颠倒,应改为下图所示:

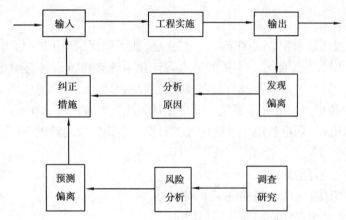

[案例8]

某办公楼工程由办公区、多功能会议区、新闻发布中心、指挥中心以及地下停车场组成,建筑面积近60 000 m²。A单位通过投标承接了该项目的机电安装工程,因为该项目智能化要求高,业主指定了具有建筑智能化工程专业资质且施工经验丰富的B公司施工智能化工程,合同中明确是A单位的分包单位,其中包括消防系统。

问题:

1.智能化系统的施工组织设计是否由B公司负责编制?

2.B单位除与总承包单位A协调外,还要进行哪些外部协调管理?其内容是什么?

3.项目部对工程材料如何进行进货检查和检验的控制?

4.消防验收程序是什么?

5.《质量验收统一标准》对单位工程质量验收合格后还有哪些规定要求?

参考答案:

1.智能化系统的施工组织设计由B公司负责编制。

2.B单位除与总承包单位A协调外,还要进行下列外部协调管理:

①与土建的协调:如电缆、电线的入户施工;卫星和公用电视天线的基础等。

②与其他相关方的协调:如与通讯部门的协调、与电讯(宽带网)部门的协调等。

③与监管部门的协调:如与消防监管部门的协调等。

3.项目部对工程材料进行进货检查和检验的控制方法是:

①首先确定对材料质量的检验方式(如免检、抽检、全检),进而确定检验方法(书面检验、外观检验、理化检验、无损检验等)。

②根据材料的检验标准和确定的检验方法,项目部材料管理人员对材料进行进货检验并邀请监理人员参加并确认。

③根据具体情况,对不合格材料进行退货、隔离、标识等处理,确保投入施工材料的质量符合设计要求。

4.消防验收程序:验收受理、现场检查、现场验收、结论评定和工程移交。

5.单位工程质量验收合格后,按《质量验收统一规范》的规定,建设单位应在规定的时间内将工程竣工验收报告和有关文件,报建设行政主管部门备案。否则不准投入使用。

## [案例9]

某综合大楼工程建筑面积25 000 m²,地上24层,地下两层,其中1~14层为酒店部分(三星级标准),15~24层为办公部分。主要的弱电智能化系统有建筑设备自动化系统、综合安保防范系统、会议广播系统、卫星接收及有线电视系统、智能卡系统、综合布线系统、计算机网络系统、会议扩声和同声传译系统等8个系统。业主预计智能化系统投资900万左右。建筑装饰工程工期为160个日历天。弱电智能化系统的竣工日期为装饰完成之后的30个日历天。

**问题:**

1.简述施工程序制订的原则。

2.简述项目部组织施工时应遵循的一般程序。

3.简述该智能化系统联调内容包括哪些部分?

4.单位工程质量验收是如何进行的?

5.在进行进度计划调整时应考虑什么问题?

**参考答案:**

1.施工程序制订的原则是:按合同约定确定施工程序的原则;按土建交付安装的程序及有关条件确定施工程序的原则;按各分布、分项工程搭接关系确定施工程序的原则;按各专业技术特点确定施工程序的原则。

2.项目部组织施工时应遵循的一般程序:先地下、后地上;厂房或楼房内同一空间内先里后外,顶部处先上后下,低部处先下后上;各类设备安装和多种管道安装应先大后小、先粗后细、先主线后支线;每道工序未经检验和试验合格不得进入下道工序;先单机调试和试运转、后联动调试和试运转。

3.智能化系统联调内容包括:系统的接线检查;系统的通信检查;系统监控性能测试;系统联动功能的测试。

4.按《质量验收统一规范》的规定,单位工程完工后,施工单位应自行组织有关人员进行检查评定,并向建设单位提交工程验收报告;建设单位收到报告后,应由建设单位(项目)负责人组织施工(含分包单位)、设计、监理等,单位(项目)负责人进行单位(子单位)工程验收。

5.在进行进度计划调整时应注意:首先要分析进度计划超前或滞后的原因及其对整个工程的影响,然后再研究采取措施进行调整。施工进度计划必须依据施工进度计划的检查结果进行调整。施工计划调整后,应执行调整后的施工计划。

## [案例10]

甲公司在江南地区承接一机械厂工程。厂内燃气架空管道项目分包给了具有相应资质的乙公司。根据分包合同,燃气管道系统必须在一个月内完成。当时正值江南梅雨季节,据当地气象预报,将有近20 d左右的连续阴雨。为了保证过程进度和工程质量,乙公司从施工工艺和施工工序方面加强了质量控制,在工程进度和工程质量方面采取了相应的措施。尽量在地面组装后吊装就位,减少高空作业。

问题:

1.厂内燃气架空管道安装的施工组织设计(施工方案)由谁组织编写?

2.结合本项目,项目部在制订施工工艺和操作工艺时应注意哪些要求?

3.燃气管道安装前,应由谁通过何种方式向哪些部门告知?

4.项目成本控制在施工准备阶段应做哪些工作?

5.乙公司在该项目上为保证工程进度和质量所采取的措施费应由谁来承担?

参考答案:

1.乙公司应该根据甲公司编制的施工组织总设计编制厂内燃气架空管道的施工组织设计(施工方案)。

2.项目部在制订施工工艺和操作工艺时应注意:

(1)必须结合工程实际、企业自身能力、因地制宜等方面全面分析、综合考虑。

①因为是连续阴雨,所以应制订尽量在室内预制管道,减少在施工现场焊接量。

②施工现场焊接时,应制订防雨措施。

③在焊条烘干、焊条保存方面制订相应措施,保证焊接质量。

④现场焊接时要采取措施,保证管子焊接处的干燥和洁净。

(2)力求施工方法技术可行、经济合理、工艺先进、措施得力、操作方便。

(3)有利于提高工程质量,加快施工进度,降低工程成本。

3.燃气管道安装前,由乙公司将有关情况书面告知直辖市或设区的市级特种设备安全监督管理部门。

4.项目成本控制在施工准备阶段应做如下工作:

①优化施工方案,对施工方法、施工顺序、机械设备的选择、作业组织形式的确定、技术组织措施等方面进行认真分析,运用价值分析理论,制订出技术先进、经济合理的施工方案。

②编制成本计划并进行分解。

③对施工队伍、机械的调迁、临时设施建设等其他间接费的支出,做出预算,进行控制。

5.保证进度和质量的措施费应根据分包合同中分包方的权利、义务来确定由哪方来承担。

## [案例11]

某施工企业已出现任务不足,在投某机电安装工程时(土建由业主另行招标),竞争对手多且自己无优势。招标文件中的工程量清单与招标图纸又有较大误差。由于该投标企业投标决策和处理正确,得以中标。在签订的承包合同中,又明确了分包工程的范围。开工后,由于土建未按合同规定时间交付,影响了承包方与分包方的正常施工。该项目部重点加大了材料的管理力度。

问题:

1. 该施工企业应投什么性质的标?

2. 招标文件提供的工程量清单与图纸有较大差距时,应如何处理?

3. 土建工程未按期交付,能否索赔? 可能会出现哪些主体间的索赔?

4. 承包方的索赔报告应在什么时间向监理工程师提交? 简述索赔报告编写的基本内容。

5. 简述材料成本如何控制?

参考答案:

1. 应投保本性质的标。

2. 若允许调整,通过招标单位答疑会提出调整意见取得招标单位同意后进行调整。若不允许调整,通过招标单位答疑会,取得招标单位同意后,则可以运用调整项目单价的方法进行调整。

3. 能索赔。可能会出现主体间的索赔有:业主与土建单位之间的索赔;承包方与业主之间的索赔;分包方与承包方之间的索赔。

4. 承包方应在索赔事件对工程产生的影响结束后,尽快(28 d)向监理工程师提交索赔报告。索赔报告的基本内容是:

①合同索赔的依据;

②详细准确的损失金额和时间的计算;

③证明客观事实与损失之间的因果关系;

④招标方违约或合同变更与提出索赔的必然联系。

5. 加强材料采购成本的控制,从量差和价差两个方面进行控制;加强材料消耗的管理,从限额领料和现场消耗两个方面进行控制。

## [案例 12]

A 机电安装公司承包了机械厂一座氨制冷站(氨气有毒且对人有强烈刺激;室内氨气含量达到定浓度时,遇明火爆炸)全部机电安装工程和液氨储罐的制作安装任务。该公司具有资质,而且业绩突出,价格合适,施工组装设计也符合要求。

问题:

1. 安装单位在施工前至少应办哪些手续?

2. 项目部在制订施工人员计划时,对哪些工种要提出具体要求? 为什么?

3. A 机电安装公司质量部的质量检查员在制冷站系统试验前的例行检查中发现,载冷介质的管道有 3 处铅垂度超差 1.5 mm,有一台制冷压缩机的联轴器的同轴度超过了规范的规定。质量检查员对上述问题如何要求? 为什么?

4. 项目部制订的试运转方案规定,在用干燥的压缩空气进行确定试验合格后,即可用压缩机抽真空,随即充氨试运转。此方案是否妥当? 为什么?

5. 氨制冷工程在符合试运转前,针对其介质可能的泄漏,应制订至少包括哪些内容的应急预案? 为什么?

**参考答案：**

1. 氨管道有毒,且高压部分的工作压力为 1.6 MPa,属于压力管道,液氨储罐的工作压力为 1.6 MPa,属于压力容器,所以安装单位在施工前应向直辖市或设区的市级特种设备安全监督管理部门书面告知,告知后方可开工。

2. 因为有压力管道和压力容器的焊接,所以应有持证焊工,且焊工的项次要符合施焊的要求;压力容器和压力管道需要进行无损探伤,所以应有探伤工参与检验;全套机电设备安装包括电气工程施工,所以应有持证电工;设备的起吊、运输、就位需要起重和运输,所以应有持证起重工和持证运输工。

3. 试验前的检查,说明工程施工已基本完成,返工不是很容易,而管道铅垂度超差 1.5 mm 属于轻微质量问题,不影响美观和使用,可以不作处理;而联轴器同轴度超差会影响设备运行,运行设备使用寿命,所以必须返工。

4. 对于有毒流体的管道,不仅要进行强度试验,而且要进行泄漏性试验。所以,进行完强度试验后马上抽真空、充氨试运转是不对的,缺少了一项泄漏性试验。

5. 因为氨气一旦泄漏,会对人的呼吸系统和眼睛产生刺激和毒害;氨在空气中达到一定浓度时,遇到火花还会引起爆炸,所以项目部在试运转前应制订至少包括下列内容的应急预案:

①准备适用于氨气防护的防毒面具,便于氨气泄漏时戴上面具进行处理。

②预备急救车辆,准备发生人员中毒时的抢救。

③联系好救护医院,便于医院进行有针对性的治疗。

④试验好室内排风设备,以便氨气泄漏时及时排除,防止室内氨气达到危险浓度。

⑤针对可能泄漏的部位,制订具体的制止泄漏的措施。

## [案例13]

A 机电安装公司承包了一个汽车厂总造价 2 300 万元的机电安装工程,将厂内运输任务分包给了注册资本为 30 万元的 B 公司。B 公司在运输重 25 t 的某设备时,使用了 10 t 半挂运输车。结果在半挂车拐弯时设备从车上摔下,除保险公司的赔偿外业主还直接损失 65 万元。经查:B 公司没有制订设备运输方案;B 公司经理说进行了设备运输技术交底,但没有交底记录;10 t 半挂车是在市场上购买的报废车辆;设备装上车后没有采取固定措施;司机在汽车拐弯时正在打手机。

**问题:**

1. 业主的 65 万元损失应由谁来赔偿?为什么?

2. 从 B 公司的角度看,这次事故产生的原因有哪些?B 公司应负什么责任?

3. A 公司在这次事故中应负哪些责任?为什么?

4. 人的安全行为是安全生产的基本保证。请举出本案例以外的 3 种以上违反操作规程的例子。

5. 该公司建立安全生产责任制的要求是什么?

**参考答案:**

1. 因为业主与 A 公司签订了承包合同,所以业主的损失 65 万元应该向 A 公司索赔;而 A 公司应该向 B 公司索赔。因为 B 公司的注册资本仅为 30 万元,所以不足部分应由 A 公司补齐。

2.从B公司的角度分析,造成这次事故的原因至少有下列几种:

①没有制订相应的运输方案,没有技术交底记录应视为没有进行技术交底。

②运输车辆为报废车辆,运输设备不合格。

③用10 t半挂运输25 t设备,严重超载,违背了施工设备使用规定。

④司机驾驶车辆时打手机,违反了操作规程。

⑤B公司安全管理存在严重问题,对此次事故应负主要责任。

3.从A公司角度,对这次事故应负如下责任:

①选择分包队伍不当。B公司一是规模太小,不具备承担较大风险的能力;二是运输设备不能满足设备运输的要求;三是运输工的素质太低,不符合要求;四是安全管理极为薄弱。

②对分包队伍管理不到位,具体表现为:B公司没有设备运输方案、没有技术交底记录,A公司对此或者没有发现,或者没有令其整改;对于B公司的运输设备不合格,A公司也没有及时纠正;对于B公司不按规定固定设备,运输工违反操作规程,运输设备超载运输等违规行为没有及时制止等。

4.例如:将起重设备的安全装置拆下或安全装置不灵就强行操作;在施工设备工作时对其进行修理;电焊机把线漏电也强行使用等。

5.建立安全生产责任制的要求是:

①分级管理、分线负责,责任明确。

②工程分承包方的安全生产责任制除应遵循承包方的规定外,还应建立相应的安全生产责任制。

## [案例 14]

某造纸厂工程项目,经过招标由具备机电安装总承包一级资质的A公司实施工程总承包,并与业主签订了总承包合同。经业主方同意,A公司将锅炉房工程、污水处理工程和全场消防工程分包给了B安装公司,并签订了分包合同,合同工期为10个月。工程设备由业主供应、工程材料由A公司提供。B公司选派了项目经理,组建了项目经理部,并与项目经理签订了"项目管理目标责任书"。

**问题:**

1.B公司项目部根据分包合同确定的施工范围,应组织编写哪几种施工进度计划?计划实施过程中还应制订的阶段性计划还有哪些?

2.B公司项目经理部在单位工程开工前须向当地哪些监督部门或其指定的检查机构办理办理施工许可证?其法定手续的程序是什么?

3.试述施工进度计划实施过程控制应做的工作。

4.项目经理部对机电安装工程质量控制的对象包括哪些方面的内容?

5.简述单位工程过程验收检验应包括的内容。

**参考答案:**

1.B公司项目部应按施工范围的3个单位工程的编制施工总进度计划和各个单位工程的进度计划。

在计划实施过程中还应编制阶段性的季、月、旬等进度计划。

2.B公司项目部在开工前应做好下列工作:

①在锅炉房开工前,将有关情况书面告知直辖市或设区的市级特种设备安全监督管理部门。

②在污水处理厂开工前,向环保管理部门办理相关手续。

③在消防工程开工前,向消防管理部门办理相关手续。

3. 施工进度计划实施过程控制应做好下列工作:

①执行承包合同中对工程进度的承诺。

②对计划的实施进行监督,当发现进度计划受到干扰时,应采取协调措施。

③在计划图上进行实际进度记录、跟踪记载每个施工过程的开始日期、完成日期、记录完整的实物量、施工现场发生的情况、干扰因素的排除情况。

④跟踪形象进度对工程量、产值、耗用的人工、材料和施工机械台班等,编制统计报表。

⑤落实进度控制措施应具体到人、目标、任务、检查方法和考核办法。

⑥处理进度索赔。

4. 机电安装工程质量控制的对象包括:施工人员的控制;施工机具和检测器具的控制;工程材料的控制;施工方法和操作工艺的控制和施工环境的控制(即人、机、料、法、环5大控制)。

5. 单位工程过程验收检验的内容包括:

①形式条件检查(包括设备基础检查验收)。

②主要材料、设备、成品、半成品的验收检验。

③工序交接检查。

④隐蔽工程检查。

⑤工程验收。

⑥停工后复工前的检查。

⑦成品保护检查。

⑧检验的确认。

## [案例15]

某机电安装企业在投标过程中对一项以固定总价合同承包的工程,定下利润率为10%,编制的施工预算为1 100万。在分析竞标对手的基础上为了中标,企业领导班子决定让利50万并重新调整投标价递交了标书。由于决策得当果然中标。签订合同后委托项目经理A组成项目经理部履行该合同。

**问题:**

1. 该企业在投标决策时投的是什么性质的标? 运用了什么投资技巧?

2. 该企业与招标方签订的合同可能出现哪些风险?

3. 经企业测算在确保企业投标报价调整后确定的利润的基础上,项目部还可以再降低成本2%。问该工程考核成本、计划成本是多少较为合适?

4. 项目经理部在履行合同时应遵守哪些规定?

5. 施工中,项目经理抓住了索赔的机会及时发出了索赔书面通知和索赔报告,但没有成功,请列举出索赔没有成功的主要因素可能有哪些?

**参考答案:**

1. 该企业在投标决策时投的是盈利标。运用了不平衡报价的投标技巧。

2.该企业与招标方签订的合同可能出现的风险有:工程量计算错误、单价和报价的计算错误、施工过程中材料和人工涨价、设计深度不够等风险。

3.企业调整后的报价:1 100万元-50万元=1 050万元

企业调整后的利润:1 100万元×10%-50万元=60万元

项目部的考核成本为:1 050万元-60万元=990万元

项目部的计划成本为:990万元-990万元×2%=970.2万元

4.项目经理部在履行合同时应遵守下列规定:

①必须遵守《合同法》规定的各项合同履行原则。

②项目经理应负责工程承包合同的履行。

③依据《合同法》的规定进行合同的变更、索赔、转让和终止。

④如果发生不可抗力不能或不能完全履行合同时,应及时向企业报告,并在委托权限内依法及时处理。

5.索赔没有成功的主要因素可能有:

①在合同中没有列入有关索赔条款。

②招标方在施工现场条件方面列入开脱性条款。

③在合同中列入因招标方原因导致工期延误无补偿条款。

④投标时,招标方不允许对工程量清单进行调整,而投标方又没有进行仔细核对,也没有采取其他补救措施,造成实际工程量大于清单中的工程量。

⑤投标方报价时计算错误,造成总价过低。

⑥未严格按索赔程序办理。

⑦索赔时做法不当。

## [案例16]

一机电安装企业在上半年就出现窝工,为保证下半年任务来源正组织一项已有10个预审合格的施工单位参加的大型综合楼宇机电安装工程。建设单位实力雄厚,A机电安装公司与建设单位多次合作,彼此关系较好。A公司与监理公司的关系也较好。

根据标书规定:工期除发生不可抗力外,不得修改。承包方式以招标方提供的工程量清单为依据实行综合单价包干。投标保证金为5%。

问题:

1.该公司先送出300万元投标保函后待到投标截止日期的最后一天才提交了投标价为5 000万元的投标文件,因决策正确、投标技巧运用得当,得以中标。问题:它投的是什么性质的标? 做了什么工作? 运用了哪些技巧?

2.开标时有3个单位犯了常规的错误而被宣布为废标,它们可能犯了哪些错误?

3.该公司与建设单位签订承包合同应按照哪几种程序进行? 本合同可能有什么风险?

4.在施工中发生了合同变更,应如何处理? 合同变更的价款如何确定?

5.项目成本计划一般由哪些表格组成? 要填写哪些内容?

参考答案:

1.应该投保本标。它采用的是倒计时报价法。现送出的300万元保函暗示报价在6 000万元左右,让投标对手产生错觉。同时利用了与业主、监理良好的合作关系。

2. 它们可能犯了如下错误：

①它们的投标文件可能没有完全按照招标文件编写，或者是添加了附加条件。

②它们的投标文件可能没有按照要求全部填满标书中要求填写的表格，可能有空格或者是有重要数字没有填写。

③如果商务标为明标，技术标为暗标时，技术标能让评标人识别出的标书则为废标。

3. 订立承包合同的程序如下：

①接受中标通知书。

②组成包括项目经理在内的谈判小组。

③草拟合同专用条款。

④谈判。

⑤参照发包人拟定的合同条件或合同示范文本与发包人签订工程承包合同。

⑥合同双方在合同管理部门备案并交纳印花税。

本合同只对合同承担单价报价的风险，即对单价的正确性和适应性承担责任。

4. 合同变更的处理：

①若招标人提出合同变更要求，经监理工程师审查同意，由监理工程师向承包方提出合同变更指令。

②若承包方提出合同变更，向监理工程师提出变更要求，经监理工程师审查同意，签署变更合同。

变更必须以书面形式，并作为合同的组成部分。

合同变更价款的确定：

①属于原合同中工程量清单上增加或减少的项目的单价及费用，一般应根据合同中工程量清单所列单价的价格确定。

②如果合同中工程量清单没有包括，则应在合同的范围内使用合同的费率和价格作为评价的基础，由监理工程师、业主和承包方协商解决。

③变更价款的时间要求以合同的规定为准，若合同没有规定时，按以下原则执行：

a. 变更发生后的 14 d 内，承包方提出变更价款报告，经监理工程师确认调整合同价。

b. 若变更 14 d 承包方没有提出变更价款报告，则视为变更不涉及价款变更。

c. 监理工程师收到变更价款报告 14 d 内应对其予以确认；若无正当理由而未确认，自收到报告时算起 14 d 后该报告自动生效。

5. 一般由降低成本技术组织措施计划表和降低成本计划表组成；降低成本技术组织措施计划表填写的内容包括：计划期内拟采取的技术组织措施的种类和内容、该项措施涉及的对象，经济效益的计算和各项直接费的降低；降低成本计划表根据降低成本技术组织措施计划表和间接费用降低额编制降低成本计划。

# 模块 8　工程管理经验教训案例

**[案例 1]**

在某国际工程中,经过澄清会议,业主选定一个承包商,并向他发出一函件,表示"有意向"接受该承包商的报价,并"建议"承包商"考虑"材料的订货。如果承包商"希望",则可以进入施工现场进行前期工作。而结果由于业主放弃了该开发计划,工程被取消,工程承包合同无法签订,业主又指令承包商恢复现场状况。而承包商为施工准备已投入了许多费用。承包商就现场临时设施的搭设和拆除,材料订货及取消订货损失向业主提出索赔。但最终业主以前述的信件作为一"意向书",而不是一个肯定的"承诺"(合同)为由反驳了承包商的索赔要求。

**[案例 2]**

新加坡一油码头工程,采用 FIDIC 合同条件。招标文件的工程量表中规定钢筋由业主提供,投标日期 1980 年 6 月 3 日。但在收到标书后,业主发现他的钢筋已用于其他工程,他已无法再提供钢筋。在 1980 年 6 月 11 日由工程师致信承包商,要求承包商另报出提供工程量表中所需钢材的价格。这封信作为一个询价文件,1980 年 6 月 19 日,承包商作出了答复,提出了各类钢材的单价及总价格。接信后业主于 1980 年 6 月 30 日复信表示接受承包商的报价,并要求承包商准备签署一份由业主提供的正式协议。但此后业主未提供书面协议,双方未作任何新的商谈,也未签订正式协议。而业主认为承包商已经接受了提供钢材的要求,而承包商却认为业主又放弃了由承包商提供钢材的要求。待开工约 3 个月后,1980 年 10 月 20 日,工程需要钢材,承包商向业主提出业主的钢材应该进场,这时候才发现双方都没有准备工程所需要的钢材。由于要重新采购钢材,不仅钢材价格上升、运费增加,而且工期拖延,进一步造成施工现场费用的损失约 60 000 元。承包商向业主提出了索赔要求。但由于在本工程中双方缺少沟通,都有责任,故最终解决结果为,合同双方各承担一半损失。

案例分析:

本工程有如下几个问题应注意:

(1)双方就钢材的供应作了许多商讨,但都是表面性的,是询价和报价(或新的要约)文件。由于最终没有确认文件,如签订书面协议,或修改合同协议书,所以没有约束力。

(2)如果在 1980 年 6 月 30 日的复信中业主接受了承包商的 6 月 19 日的报价,并指令由承包人按规定提供钢材,而不提出签署一份书面协议的问题,则就可以构成对承包商的一个变更指令。如果承包商不提反驳意见(一般在一个星期内),则这个合同文件就形成了,承包商必须承担责任。

(3)在合同签订和执行过程中,沟通是十分重要的。及早沟通,钢筋问题就可以及早落实,就可以避免损失。本工程合同签订并执行几个月后,双方就如此重大问题不再提及,令人费解。

(4)在合同的签订和执行中既要讲究诚实信用,又要在合作中要有所戒备,防止被欺诈。在工程中,许多欺诈行为属于对手钻空子、设圈套,而自己疏忽大意,盲目相信对方或对方提供的信息(口头的,小道的或作为"参考"的消息)造成的。这些都无法责难对方。

## [案例3]

### 工期拖延索赔的综合案例

（一）工程概况

合同标的是为建造一个小型泵站工程。合同文件包括：ICE 合同条件（即英国土木工程师学会和土木工程承包商联合会提出的标准合同文本）、图纸、规范、工作量表等。

投标日期为 1979 年 5 月 1 日。1979 年 6 月 1 日授予合同，合同金额为 148 486 英镑。合同工期 15 个月（即 65 周）。

乙方报价中含 5% 利润，8.5% 总部管理费，15% 现场管理费。

（二）事态描述

1979 年 8 月 15 日工程师致函乙方，将于 9 月 1 日将场地提供给乙方（这是一个不明确的开工令）。乙方按时向施工现场派了代理人和监工，但甲方未能及时交付场地，直到 12 月初场地才全部正式交付。11 月和 12 月连续阴雨天气，在 12 月上旬到 1980 年 1 月上旬，由于现场重铺煤气干线，又致使乙方工程停工 4 周。1980 年 1 月 9 日乙方向甲方提出 19 周工期索赔。

1980 年 3 月 18 日，乙方催要屋面配筋图，但直到 5 月底甲方才提供这些图纸。这时相关的钢材供应又延误两周。

1980 年 7 月间又由于特别的阴雨天造成工程局部停工 1 周。

工程变更引起工程量增加和附加工程总额为 12 450 英镑。

1980 年 11 月 3 日，工程师致函乙方，由于未能保持计划进度，要求乙方采取加速措施。

（三）工期索赔

1. 乙方工期索赔要求。1980 年 11 月 6 日乙方提出 39 周的工期索赔，包括：

①前期场地延误、阴雨及重铺煤气干线等原因引起共 19 周（即从 1979 年 9 月 1 日至 1980 年 1 月 9 日全部）。

②屋面配筋拖延 5 周（1980 年 3 月 18 日催要，应于 4 月 18 日提供才能满足正常施工需要，但实际于 5 月底提供，拖延约 5 周）。

③钢筋供应拖延两周。

④7 月中特别阴雨天 1 周。

⑤附加工程引起工期延长 12 周。

2. 工程师反驳。工程师认为，实际开工工期是随进入现场同时生效的，故应为 1979 年 12 月初。从开工起，认可的索赔为 26 周，包括：

①阴雨天和重新铺设煤气管道 8 周。

②拖延屋面配筋图 5 周。

③钢筋供应拖延两周。

④1980 年 7 月中的阴雨天气为 1 周。

⑤附加工程影响 10 周。

从上述分析可见，双方的差距仅为：

（1）开工期的确定。由于在本工程中开工期从未定下（工程师 1979 年 8 月 15 日的信仅提出，将于 9 月 1 日提供现场，不太明确）。经乙方和工程师协商，以开工通知未在合理的时间内决定为理由，提出从 1979 年 9 月 1 日到 12 月 1 日的相关费用索赔。

（2）附加工程总影响相差两周。最终统一按 10 周计算。

最终双方就工期索赔取得一致。

（四）工期相关费用索赔

承包商对推迟进场 3 个月（13.1 周）以及后面 24 周的拖延提出与工期相关的索赔（仅工地管理费）。

工地管理费总额 = 合同总价 × 工地管理费率 = 148 486 英镑 × 15% = 22 272.9 英镑。

每周分摊 = 22 272.9 英镑/65 周 = 342 英镑/周。

则推迟进场 3 个月的费用索赔共 4 500 英镑（工地管理费和其他零星费用）。

工程中 24 周的拖延产生的费用索赔为：

342 英镑/周 × 24 周 = 8 208 英镑。

合计索赔为 12 708 英镑。

很显然，承包商的索赔值计算有很大的问题：

①报价中工地管理费是独立分项计算，然后按直接费分摊的。所以 15% 的计算基础是直接费，而不是合同总额。承包商这样算将每周工地管理费扩大了许多。

②24 周的工程拖延是由许多不同性质的干扰事件引起的，必须针对每一种情况分别进行分析，不能仅算一笔总账，否则不可能被认可。

③在拖延过程中很可能产生一些直接费用开支，也应作为费用索赔提出。只要事实清楚，理由充足，也很容易被认可。

④在费用索赔中，有些费用项目还可以计算总部管理费和利润。

当然对上述索赔要求工程师是不能认可的。工程师和承包商进行了逐项的分析和商讨。主要有如下几个方面：

1. 进场拖延

从 1979 年 9 月 1 日开始共 3 个月。这属业主责任造成的拖延，但其中 11 月份为阴雨天，不能提出费用索赔。在 9 月和 10 月共 8 个星期中，承包商有一位代理人和一位监工在现场闲置。按合同单价：

代理人：127.50 英镑/周 × 8 周 = 1 020 英镑

监工：97.50 英镑/周 × 8 周 = 780 英镑

合计：1 800.00 英镑。

承包商要求增加总部管理费，但遭到拒绝。由于工程尚未开工，没有发生涉及现场和总部管理费的开支项目。承包商要求索赔利润，也遭到拒绝，因为这属于对业主风险范围内的事件引起工期拖延的费用索赔，不能包括利润。

2. 开工后的阴雨天气和重铺煤气干线拖延

阴雨天气的拖延，工期可以延长，但不能提出费用索赔。重铺煤气干线属于业主责任的干扰，拖延 4 周，可以提出费用索赔，但其中有阴雨天 1 周，必须扣除。所以能够进行费用索赔的仅 3 周。

（1）直接费。现场有 8 名技工、17 名普工停工。工程师认为，在现场停工中只能按最低工资标准支付：

技工：96.50 英镑/（周·人）× 3 周 × 8 人 = 2 316 英镑

普工:82.50 英镑/(周·人)×3 周×17 人 =4 207.50 英镑

合计:6 523.50 英镑。

(2)现场管理费。在报价中,15%的现场管理费是以直接费为计算基础。由于现场停工,直接费支出不反映正常的施工状况,则应采用合同报价中所包括的周现场管理费费率分摊的办法计算。

①利润:由于利润率5%,计算基础为工程总成本。则存在如下关系:

利润 = 合同金额 ×5%/(1 +5%) = 148 486 英镑 ×5%/1.05 =7 071 英镑

工程总成本 = 合同金额 - 利润 = 148 486 英镑 - 7 071 英镑 = 141 415 英镑

②总部管理费:总部管理费率8.5%,其计算基础为工地总成本。则存在如下关系:

总部管理费 = 工程总成本 ×8.5%/(1 +8.5%) = 141 415.23 英镑 ×8.5%/1.085 = 11 079 英镑

工地总成本 = 工程总成本 - 总部管理费 = 141 415 英镑 - 11 079 英镑 = 130 336 英镑

③现场管理费:现场管理费率15%,它的计算基础为直接费。则同样存在如下关系:

现场管理费 = 工地总成本 ×15%/(1 +15%) = 130 337 英镑 ×15%/1.15 = 17 000 英镑

合同工期共65 周,则报价中现场管理费率为:

17 000 英镑/65 周 =261.54 英镑/周

由于现场管理费项目几乎都是与工期有关,则拖延3 周的现场管理费支付应为:

261.54 英镑/周 ×3 周 =784.62 英镑

双方最终就上述索赔取得一致。

3. 图纸的推迟

工程师只承认图纸推迟5 周的费用索赔,而钢材到货拖延两周和阴雨1 周作为承包商的风险,可以提出工期索赔,但不能提出费用索赔。

承包商提出反驳:由于屋面配筋图的延误造成屋面工程的局部停止,直接引起钢筋供应的拖延(承包商不能预先采购钢筋),同时引起7 月份阴雨天中该部分工程的停工,而如果按时供应图纸,则避开了阴雨天。它们有直接的因果关系。

工程师最终承认承包商的理由,该项工程有8 周的拖延。

分析干扰的实际影响为:在屋面工程中,在8 周时间内,承包商有3 名木工,2 名钢筋工,5 名普通工在现场停工,找不到其他可以替代的工作。而其他工程仍在继续进行,总工期并未受到拖延。

按工程师的要求,按国家的《劳动准则》规定的内容计算:

木工:100 英镑/(周·人)×8 周×3 人 =2 400 英镑

钢筋工:90 英镑/(周·人)×8 周×2 人 =1 440 英镑

普工:85 英镑/(周·人)×8 周×5 人 =3 400 英镑

合计:7 240 英镑。

由于其他工程仍在进行,而且总工期并未拖延,所以不存在现场管理费的增加。

这里的几位工人是找不到其他替代工作才不得已在现场停工的。作为承包商应积极采取措施,寻找其他工作安排,以降低业主损失。工程师对此常常须作出审查确认。

4. 附加工程

附加工程额达到 12 450 英镑。工程师批准了 10 周的拖延。这是由关键线路分析得到的。由于工程中的变更经常很突然，承包商无法像工程投标一样有一个合理的计划期。所以工程变更对工期的干扰常常很大，业主必须承担由此造成的损失责任。

承包商将这 10 周全部纳入工期拖延的费用索赔中，向业主索赔工地管理费，这是不对的。因为这 10 周拖延中，承包商完成合同额 12 450 英镑，而这个增加的部分中已包括了相应的工地管理费、总部管理费和利润。按照正常情况（有一个合理的计划期等），每周应完成合同额为：

148 486 英镑/65 周 = 2 284.40 英镑/周

则附加工程正常所需要的工期延长为

12 450 英镑/(2 284.40 英镑/周) = 5.45 周

即这个 5.45 周所需的管理费业主已在附加工程价格中向承包商支付。而另一部分 4.55 周(10 − 5.45)是属于由于附加工程(工程变更)对工程施工的干扰引起的，其管理费和利润应由业主另外支付：

工地管理费：261.54 英镑/周 × 4.55 周 = 1 190 英镑

加 8.5% 总部管理费：1 190 英镑 × 8.5% = 101.15 英镑

加 5% 利润：(1 190 英镑 + 101.15 英镑) × 5% = 64.56 英镑

合计：1 355.71 英镑。

这项索赔获得认可。

本合同中另有价格调整条款，由于工期拖延和通货膨胀引起的未完工程成本的增加按价格调整条款另外计算。

## [案例 4]

在某仓库安装工程中，合同文件主要包括：合同条款(JCT63/77)(即英国联合审判庭推荐使用的标准文本)、图纸、工程量表(按标准的工程量计算方法作出)。承包商就如下问题提出索赔：

(一)混凝土质量方面的差异

1. 合同分析

与本项索赔有关的合同条款内容有：

第 1 款：承包商应完成合同图纸上标明的和合同工程量表中描述的或提出的工程……。

第 12(1)款：在合同总额中包括的工程的质量和数量由合同工作量表中的内容规定。除非在规范中另有专门说明外，工作量表应根据标准的工程量计算方法(第 6 版)作出。……

第 12(2)款：合同工程量表中的描述或数量上的任何错误、遗漏……应由建筑师予以纠正，并应看作建筑师所要求的变更。

第 11(6)款：如果建筑师认为变更已给承包商造成直接损失或开支……建筑师应该亲自或指示估算师确定这些损失或开支的数量。

第 4 款规定，涉及的变更不应给承包商带来损失。

在图纸和工程量表中对某些预应力混凝土楼板和梁的质量描述产生差异。图纸中规定其质量标准为"BS5328/76 的 C25P 项"，而工程量表中规定其质量标准为"BS5328/76 的 C20P 项"。

2. 合同实施过程

在第一次现场会议上,承包商的代理人提出这个问题,并要求建筑师确认应执行哪一个标准,得到的回答是"按图纸执行"。由于按 12(1)款,承包商报价必须按合同工作量表规定的质量和数量计算。而现在必须根据建筑师的指令,按图纸采用高标号混凝土,这造成承包商费用的增加,承包商对质量差异及时地向建筑师提出索赔要求。

3. 索赔值的计算

这项索赔事件属于建筑师纠正合同工程量表中描述的错误(或纠正合同文件的矛盾或不一致)所涉及的问题,按合同规定应该给予承包商赔偿。

承包商提出索赔要求为:

涉及质量变更的混凝土(包括悬挑板和预应力混凝土梁)共 1 500 m³。由于仅涉及质量变更,所以可以按每立方米混凝土材料量差和价差分析计算索赔值。按 BS 标准规定的材料用量和材料报价等因素计算索赔值。

由于混凝土标号提高,成本增加为 1.69 英镑/m³,则该项索赔额为:

1.69 英镑/m³ × 1 500 m³ = 2 535 英镑

由于这项索赔的事实和合同根据是十分清楚的,得到建筑师的认可。在实际工程中,由于业主(或工程师)指令造成工程质量的变更而产生的索赔都可以用这种方法处理。

(二)基础挖方工程索赔

1. 合同分析

除了上面所作的几点分析外,涉及该项索赔的合同规定还有:

承包商应对自己报价的正确性负责;地基开挖中,只有出现"岩石"才允许重新计价;工程量表中第 12F 项基础开挖数量为 145 m³,承包商所报的单价为 0.83 英镑。

2. 合同实施过程

在施工中承包商发现,按实际工程方量,工程量表中基础开挖的数量为错误数据,应为 1 450 m³,而不是 145 m³。而承包商的该分项工程单价也有错误,合理报价应为 2.83 英镑/m³,而不是 0.83 英镑/m³(实质上,在报价确认前,承包商已发现该分项工程的单价错误,但他觉得该项工程量较小,影响不大,所以未纠正报价的错误)。

同时基础开挖难度增加,地质情况与勘察报告中说明的不一样,出现大量的建筑物碎块、钢筋和角铁以及碎石和卵石,造成开挖费用的增加。

3. 承包商的索赔要求

(1)工程量表中所列的基础挖方数量仍按合同单价(即 0.83 英镑/m³)计算。但超过部分的数量(即 1 450 m³ − 145 m³ = 1 305 m³)应按正确的单价计算,则该项索赔为(按合同单价确定的进度付款金额):

(2.83 − 0.83)英镑/m³ × 1 305 m³ = 2 610 英镑

(2)由于基础开挖难度增加,承包商要求增加合同单价 2 英镑/m³,则该项索赔为:

2 英镑/m³ × 1 450 m³ = 2 900 英镑

(3)基础开挖索赔合计(不包括按合同单价所得的补偿):

2 610 英镑 + 2 900 英镑 = 5 510 英镑

4. 现场估算师和建筑师的反驳

(1)合同规定承包商应对自己报价的正确性负责。单价错误是不能纠正的,对于工程量增加的部分(尽管是由于业主错误造成的),仍应按合同单价计算。所以承包商有权获得合同价格的调整为:

0.83 英镑/m³ × (1 450 − 145) m³ = 1 083.15 英镑

(2)对开挖难度的增加,尽管承包商所述是事实,但承包商的索赔没有合同依据。合同规定只有当出现"岩石"时才重新计价,但开挖中出现的不是"岩石",而是一些碎石和卵石,少量的混凝土块和砖头,所以不予补偿,承包商的该项索赔未能成功。

5. 注意问题

(1)在通常的工程承包合同(例如 FIDIC,ICE,JCT 等合同)中,单价优先于总价。实际工程进度付款按合同单价和实际工程量计算,所以单价不能错。在本合同中,由于合同单价错误造成承包商 2 900 英镑的损失(即 2 英镑/m³ × 1 450 m³),作为承包商事先认可的损失由承包商承担,在任何情况下都得不到赔偿。所以在投标截止前,承包商一经发现报价错误,就应及时纠正。

(2)通常,业主对招标文件中工作量表上所列数量的正确性不承担责任。这由于一方面工程按实际工程量计价,另一方面合同规定业主具有变更工程的权力。但作为承包商投标报价时应复核这个工作量,这不仅有利于作正确的实施计划和组织(包括人员安排,材料订货等),而且有利于制订报价策略。本例中,承包商已觉察到单价错误而未作修改,主要原因是以为挖土工作量少(仅 145 m³),所以不予重视。如果事先发现正确工作量为 1 450 m³,则他可以采用不平衡报价方法,即在保证总报价不变的情况下提高这一项工程单价,这样承包商能获得高的收益。

(3)在合同中规定,只有出现"岩石"才允许重新计价,则地质勘探报告确定的沙土与岩石地质以外的情况都作为承包商的风险。这一条款对承包商是很为不利的,在合同谈判时最好将这一条改为"如果出现除沙土以外的情况应重新计价",则本索赔就能够成功。

(三)模板工程索赔

1. 合同分析

除前面的合同分析结果外,涉及该项索赔的合同规定还有:

(1)合同第 12(1)款规定,工程量表应根据标准的工程量计算方法制订,除非特定条款有专门说明。

而按合同所规定的标准的计算方法,模板工程应单独立项计算,不能在混凝土价格中包括模板工程费用。

(2)工程量表中关于基础混凝土项目规定为:

第 7C 项:挖槽厚度超过 300 mm 的基础混凝土级配 C10P,包括彼邻开挖面的竖直面的模板及拆除,共 331 m³。

2. 承包商的索赔要求

在工程中,承包商提出模板工程的索赔要求,其理由为,按合同规定的工程量计算方法,模板应单独立项计价,而合同中将它归入每立方米混凝土价格中是不合适的。所以应将基础混凝土的模板工程作为遗漏项目单独计价,就此提出索赔要求 1 300.80 英镑。

3. 估算师反驳

由于合同中已规定将基础混凝土的模板并入基础混凝土报价中,十分明确,而且有"专门说明",所以该索赔要求没有合同依据,不能成立。按合同文件的优先次序,工程量表优先于合同所规定的工程量计算规则,而且特殊的专门的说明优先一般的说明。

该项索赔未能成功。

4. 注意问题

按 12(1)款,工程量表按标准的计算规则计算,则这个计算规则也有约束力,作为合同的一部分,但它的优先地位通常较低。由于在同一条款又规定:"除非在规范中另有专门说明外",则这个专门说明优先,承包商应按照专门说明报价。这项索赔实质上是由于承包商工程报价计算漏项引起。在工程预算时只需将模板按每立方米混凝土的含量折算计入基础混凝土单价即可。在本例中基础混凝土共 331 m³,相应的模板工程 1 084 m²,则

每立方米混凝土模板含量:$1\ 084\ m^2 \div 331\ m^3 = 3.27\ m^2/m^3$

由于按合理价格,这种模板工程单价为 1.20 英镑/m²,则应在每立方米基础混凝土中计入模板工程的价格为:

$1.20$ 英镑$/m^2 \times 3.27\ m^2/m^3 = 3.92$ 英镑$/m$

而承包商漏算这一项,属于他自己的责任,不能赔偿。

(四)基础混凝土支模空间开挖索赔

1. 合同分析(同前述)

2. 索赔要求

虽然上述的基础混凝土模板索赔未能成功,但这些模板的施工需要一定的空间,须有额外开挖,而这在合同工程量表中没有包括。对此承包商提出索赔要求:

额外开挖量:678 m³

挖方价格:2.83 英镑/m³

回填及压实价格:1.50 英镑/m³

索赔要求:(2.83 + 1.50)英镑/m³ × 678 m³ = 2 935.74 英镑

3. 建筑师审核

确实,建筑师在列工作量表和计算工作量时疏忽了这一项工程。该项索赔要求是合理的,但在索赔值的计算中所用的挖方价格是"纠正后的"价格。由于该分部工程与合同中的基础开挖具有相同的施工条件和性质,则仍应按合同报价中的单价计算(尽管它是错的),所以补偿值应为:

(0.83 + 1.50)英镑/m³ × 678 m³ = 1 579.74 英镑

4. 承包商反驳

至此双方的赔偿意向是一致的,但对赔偿数额不一致,其差额为 1 356 英镑(即 2 935.74 - 1 579.74)。承包商再次致函建筑师,引用合同第 12(2)款和第 11(6)款。这个问题实质上不是一般的工程量的增加(如上面索赔中基础开挖由 145 m³ 增加到 1 450 m³),而是工程量表中的漏项引起的工程变更。按合同第 11(4)款原则,涉及的变更不应给承包商带来损失;按合同第 11(6)款,建筑师应亲自或指示估算师确定由于这些变更给承包商造成直接损失或开支的数量。所以承包商仍坚持自己前面提出的索赔要求 2 935.74 英镑。

5. 解决结果

建筑师与估算师作进一步讨论,觉得承包商的索赔要求是符合逻辑的,有理由,可以考虑接受此项索赔要求。

但在确定"直接损失或开支"的数额时却出现了问题。承包商的开挖为一整体(包括基础开挖、支模空间开挖等),他没有单位成本计算方法,不可能拆分出各部分工程的费用,则必须将开挖作为整体进行分析。承包商提出的实际费用资料:

直接费用(包括人工、设备、燃料等):14 347.10 英镑

根据投标报价加 14.45% 的现场管理费:2 073.16 英镑

加 6% 的总部管理费和利润:985.22 英镑

合计 17 405.48 英镑。

减承包商已由工程结算账单获得的该分部工程的支付 12 481.35 英镑,则全部"损失"合计 4 924.13 英镑(即 17 405.48 – 12 481.35)。

这个"损失"实质上是账上显示的,承包商在基础开挖项目上的全部实际损失,但这里面包含有如下几个方面的因素:

(1)承包商对基础开挖报价所造成的错误:

(2.83 – 0.83)英镑/m³ × 1 450 m³ = 2 900.00 英镑

这是承包商责任造成的损失,应由承包商自己承担。

(2)由于挖方困难程度增加承包商所提出的索赔:

2 英镑/m³ × 1 450 m³ = 2 900 英镑

这属于承包商应承担的风险责任。

(3)尚未解决的模板工程施工空间挖土的索赔:

2 935.74 英镑 – 1 579.74 英镑 = 1 356.00 英镑

则已知原因的损失为三者之和,即 7 156 英镑。

由于无法细分,则可以按比例分摊实际损失,即对支模空间开挖尚未解决的索赔 1 356 英镑分摊:

1 356 英镑 × 4 924.12 英镑 ÷ 7 156 英镑 = 933.08 英镑

再加上按合同单价,建筑师已认可的 1 579.74 英镑,该项索赔最终获得 2 512.68 英镑补偿。

6. 注意问题。

(1)本项索赔实质上是由于建筑师的疏忽,工程量表漏项引起的索赔。通常这个问题是很好解决的。但由于在本例中与该项相关的报价错误,带来本项变更定价的困难和争执。

(2)应该看到,在本案例中,即使建筑师坚持按照土方开挖的合同单价 0.83 英镑/m³ 计算费用补偿,也还是符合合同的,因为支模空间的开挖和基槽开挖(由合同定义的)其工作难度、性质、工作条件、内容、施工时间都是一样的,所以应该使用统一的合同单价。当然建筑师最终认可了承包商的索赔要求,这种处理更为恰当,不仅合理而且合情,因为承包商在这一项上的报价已经蒙受了很大的损失,从道义上应该给予承包商赔偿。

最后对实际损失的审核和分摊是值得注意的,它符合赔偿实际损失原则。从上面的分析可见,承包商在前面因挖方困难程度增加提出了 2 900 英镑的索赔,不仅未能成功,而且对本项索赔产生影响,减少了本项赔偿值。

[案例5]

　　某中外合资项目,合同标的为一商住楼的施工工程。主楼地下一层,地上24层,裙楼4层,总建筑面积36 000 m²。合同协议书由甲方自己起草。合同工期为670 d。合同中的价格条款为:"本工程合同价格为人民币3 500万元。此价格固定不变,不受市场上材料、设备、劳动力和运输价格的波动及政策性调整影响而改变。因设计变更导致价格增减另外计算。"本合同签字后经过了法律机关的公证。显然本合同属固定总价合同。在招标文件中,业主提供的图纸虽号称"施工图",但实际上很粗略,没有配筋图。在承包商报价时,国家对建材市场实行控制,有钢材最高市场限价,约1 800元/t。承包商则按此限价投标报价。工程开始后一切顺利,但基础完成后,国家取消钢材限价,实行开放的市场价格,市场钢材价格在很短的时间内上涨至3 500元/t以上。另外由于设计图纸过粗,后来设计虽未变更,但却增加了许多承包商未考虑到的工作量和新的分项工程。其中最大的是钢筋,承包商报价时没有配筋图,仅按通常商住楼的每平方米建筑面积钢筋用量估算,而最后实际使用量与报价所用的钢筋工程量相差500 t以上。按照合同条款,这些都应由承包商承担。开工后约5个月,承包商再作核算,预计到工程结束承包商至少亏本2 000万元。承包商与业主商议,希望业主照顾到市场情况和承包商的实际困难,给予承包商以实际价差补偿,因为这个风险已大大超过承包商的承受能力。承包商已不期望从本工程获得任何利润,只要求保本。但业主予以否决,要求承包商按原价格全面履行合同责任。承包商无奈,放弃了前期工程及基础工程的投入,撕毁合同,从工程中撤出人马,蒙受了很大的损失。而业主不得不请另外一个承包商进场继续施工,结果也蒙受很大损失:不仅工期延长,而且最后花费也很大。因为另一个承包商进场完成一个半拉子工程,只能采用议标的形式,价格也比较高。在这个工程中,几个重大风险因素集中在一起:工程量大、工期长、设计文件不详细、市场价格波动大、做标期短、采用固定总价合同。最终不仅打倒了承包商,而且也伤害了业主的利益,影响了工程整体效益。

[案例6]

　　我国某水电站建设工程,采用国际招标,选定国外某承包公司承包引水洞工程施工。在招标文件中列出应由承包商承担的税赋和税率。但在其中遗漏了承包工程总额3.03%的营业税,因此承包商报价时没有包括该税。工程开始后,工程所在地税务部门要求承包商交纳已完工程的营业税92万元,承包商按时缴纳,同时向业主提出索赔要求。对这个问题的责任分析为:业主在招标文件中仅列出几个小额税种,而忽视了大额税种,是招标文件的不完备,或者是有意的误导行为。业主应该承担责任。索赔处理过程:索赔发生后,业主向国家申请免除营业税,并被国家批准。但对已交纳的92万元税款,经双方商定各承担50%。案例分析:如果招标文件中没有给出任何税收目录,而承包商报价中遗漏税赋,本索赔要求是不能成立的。这属于承包商环境调查和报价失误,应由承包商负责。因为合同明确规定:"承包商应遵守工程所在国一切法律""承包商应交纳税法所规定的一切税收"。

[案例7]

　　本工程为非洲某国政府的两个学院的建设,资金由非洲银行提供,属技术援助项目,招标范围仅为土建工程的施工。

　　1.投标过程我国某工程承包公司获得该国建设两所学院的招标信息,考虑到准备在该国发展业务,决定参加该项目的投标。由于我国与该国没有外交关系,经过几番周折,投标小组到达该国时离投标截止仅 20 d。买了标书后,没有时间进行全面的招标文件分析和详细的环境调查,仅粗略地折算各种费用,仓促投标报价。待开标后发现报价低于正常价格的 30%。开标后业主代表、监理工程师进行了投标文件的分析,对授标产生分歧。监理工程师坚持我国该公司的标为废标,因为报价太低肯定亏损,如果授标则肯定完不成。但业主代表坚持将该标授予我国公司,并坚信中国公司信誉好,工程项目一定很顺利。最终我国公司中标。

2. 合同中的问题中标后承包商分析了招标文件,调查了市场价格,发现报价太低,合同风险太大,如果承接,至少亏损 100 万美元以上。

合同中有如下问题:

①没有固定汇率条款,合同以当地货币计价,而经调查发现,汇率一直变动不定。

②合同中没有预付款的条款,按照合同所确定的付款方式,承包商要投入很多自有资金,这样不仅造成资金困难,而且财务成本增加。

③合同条款规定不免税,工程的税收约为 13% 的合同价格,而按照非洲银行与该国政府的协议本工程应该免税。

3. 承包商在收到中标函后,与业主代表进行了多次接触。一方面谢谢他的支持和信任,决心搞好工程为他争光,另一方面又讲述了所遇到的困难——由于报价太低,亏损是难免的,希望他在几个方面给予支持:

①按照国际惯例将汇率以投标截止期前 28 d 的中央银行的外汇汇率固定下来,以减少承包商的汇率风险。

②合同中虽没有预付款,但作为非洲银行的经援项目通常有预付款。没有预付款承包商无力进行工程。

③通过调查了解获悉,在非洲银行与该国政府的经济援助协议上本项目是免税的。而本项目必须执行这个协议,所以应该免税。合同规定由承包商交纳税赋是不对的,应予修改。

4. 最终状况由于业主代表坚持将标授予中国的公司,如果这个项目失败,他脸上无光甚至要承担责任,所以对承包商提出的上述 3 个要求,他尽了最大努力与政府交涉,并帮承包商讲话。最终承包商的 3 点要求都得到满足,这一下扭转了本工程的不利局面。最后在本工程中承包商顺利地完成了合同。业主满意,在经济上不仅不亏损而且略有盈余。本工程中业主代表的立场以及所作出的努力起了十分关键的作用。

5. 几个注意点:

①承包商新到一个地方承接工程必须十分谨慎,特别在国际工程中,必须详细地进行环境调查,进行招标文件的分析。本工程虽然结果尚好,但实属侥幸。

②合同中没有固定汇率的条款,在进行标后谈判时可以引用国际惯例要求业主修改合同条件。

③本工程中承包商与业主代表的关系是关键。能够获得业主代表、监理工程师的同情和支持对合同的签订和工程实施是十分重要的。

## [案例 8]

在我国的某水电工程中,承包商为国外某公司,我国某承包公司分包了隧道工程。分包合同规定:在隧道挖掘中,在设计挖方尺寸基础上,超挖不得超过 40 cm,在 40 cm 以内的超挖工作量由总包负责,超过 40 cm 的超挖由分包负责。由于地质条件复杂,工期要求紧,分包商在施工中出现许多局部超挖超过 40 cm 的情况,总包拒付超挖超过 40 cm 部分的工程款。分包就此向总包提出索赔,因为分包商一直认为合同所规定的"40 cm 以内",是指平均的概念,即只要总超挖量在 40 cm 之内,则不是分包的责任,总包应付款。而且分包商强调,这是我国水电工程中的惯例解释。当然,如果总包和分包都是中国的公司,这个惯例解释常常是可以被认可的。但在本合同中,没有"平均"两字,在解释中就不能加上这两字。如果局部超挖达到 50 cm,则按本合同字面解释,40~50 cm 范围的挖方工作量确实属于"超过 40 cm"的超挖,应由分包负责。既然字面解释已经准确,则不必再引用惯例解释。结果承包商损失了数百万元。

**[案例 9]**

在我国某工程中采用固定总价合同,合同条件规定,承包商若发现施工图中的任何错误和异常应通知业主代表。在技术规范中规定,从安全的要求出发,消防用水管道必须与电缆分开铺设;而在图纸上,将消防用水管道和电缆放到了一个管道沟中。承包商按图报价并施工,该项工程完成后,工程师拒绝验收,指令承包商按规范要求施工,重新铺设管道沟,并拒绝给承包商任何补偿,其理由是:

(1)两种管道放一个沟中极不安全,违反工程规范。在工程中,一般规范(即本工程的说明)是优先于图纸的。

(2)即使施工图上注明两管放在一个管道沟中,这是一个设计错误。但作为一个有经验的承包商是应该能够发现这个常识性错误的。而且合同中规定,承包商若发现施工图中任何错误和异常,应及时通知业主代表。承包商没有遵守合同规定。当然,工程师这种处理是比较苛刻,而且存在推卸责任的行为,因为:

①不管怎么说设计责任应由业主承担,图纸错误应由业主负责。

②施工中,工程师一直在"监理",他应当能够发现承包商施工中出现的问题,应及时发出指令纠正。

③在本原则使用时应该注意到承包商承担这个责任的合理性和可能性。例如必须考虑承包商投标时有无合理地做标期。如果做标期太短,则这个责任就不应该由承包商负担。在国外工程中也有不少这样处理的案例。所以对招标文件中发现的问题、错误、不一致,特别是施工图与规范之间的不一致,在投标前应向业主澄清,以获得正确的解释,否则承包商可能处于不利的地位。

**[案例 10]**

某建筑工程采用邀请招标方式。业主在招标文件中要求:

①项目在 21 个月内完成。

②采用固定总价合同。

③无调价条款。

承包商投标报价 364 000 美元,工期 24 个月。在投标书中承包商使用保留条款,要求取消固定价格条款,采用浮动价格。

但业主在未同承包商谈判的情况下发出中标函,同时指出:

①经审核发现投标书中有计算错误,共多算了 7 730 美元。业主要求在合同总价中减去这个差额,将报价改为 356 270(即 364 000 - 7 730)美元。

②同意 24 个月工期。

③坚持采用固定价格。

承包商答复为:

①如业主坚持固定价格条款,则承包商在原报价的基础上再增加 75 000 美元。

②既然为固定总价合同,则总价优先,计算错误 7 730 美元不应从总价中减去,则合同总价应为 439 000(即 364 000 + 75 000)美元。

在工程中由于工程变更,使合同工程量又增加了 70 863 美元。工程最终在 24 个月内完成。最终结算,业主坚持按照改正后的总价 356 270 美元并加上工程量增加的部分结算,即最终合同总价为 427 133 美元。而承包商坚持总结算价款为 509 863(即 364 000 + 75 000 + 70 863)美元。

最终经中间人调解,业主接受承包商的要求。

案例分析:

①对承包商保留条款,业主可以在招标文件,或合同条件中规定不接受任何保留条款,则承包商保留说明无效。否则业主应在定标前与承包商就投标书中的保留条款进行具体商谈,作出确认或否认,不然会引起合同执行过程中的争执。

②对单价合同,业主是可以对报价单中数字计算错误进行修正的,而且在招标文件中应规定业主的修正权,并要求承包商对修正后的价格认可。但对固定总价合同,一般不能修正,因为总价优先,业主是确认总价。

③当双方对合同的范围和条款的理解明显存在不一致时,业主应在中标函发出前进行澄清,而不能留在中标后商谈。如果先发出中标函,再谈修改方案或合同条件,承包商要价就会较高,业主十分被动。而在中标函发出前进行商谈,一般承包商为了中标比较容易接受业主的要求。可能本工程比较紧急,业主急于签订合同,实施项目,所以没来得及与承包商在签订合同前进行认真的澄清和合同谈判。

**[案例 11]**

某工程采用固定总价合同。在工程中承包商与业主就设计变更影响产生争执。最终实际批准的混凝土工作量为 66 000 m³,对此双方没有争执,但承包商坚持原合同工程量为 40 000 m³,增加了 65%,共 26 000 m³;而业主认为原合同工程量为 56 000 m³,增加了 17.9%,共 10 000 m³。双方对合同工程量差异产生的原因在于:承包商报价时业主仅给了初步设计文件,没有详细的截面尺寸。同时由于做标期较短,承包商没有时间细算。承包商就按经验估算了一下,估计为 40 000 m³。合同签订后详细施工图出来,再细算一下,混凝土量为 56 000 m³。当然作为固定总价合同,这个 16 000 m³ 的差额(即 56 000 m³ − 40 000 m³)最终就作为承包商的报价失误,由他自己承担。同样的问题出现在我国的一大型商业网点开发项目中。

本项目为中外合资项目,我国一承包商用固定总价合同承包土建工程。由于工程巨大,设计图纸简单,做标期短,承包商无法精确核算。对钢筋工程,承包商报出的工作量为 12 000 t,而实际使用量达到 25 000 t 以上。仅此一项承包商损失超过 600 万美元。

**[案例 12]**

在国内某合资项目中,业主为英国人,承包商为中国的一个建筑公司,工程范围为一个工厂的土建施工,合同工期 7 个月。业主不顾承包商的要求,坚持用 ICE 合同条件,而承包商未承接过国际工程。承包商从做报价开始,在整个工程施工过程中一直不顺利,对自己的责任范围,对工程施工中许多问题的处理方法和程序不了解,业主代表和承包商代表之间对工程问题的处理差异很大。最终承包商受到很大损失,许多索赔未能得到解决。而业主的工程质量很差,工期拖延了一年多。由于工程迟迟不能交付使用,业主不得已又委托其他承包商进场施工,对工程的整体效益产生极大的影响。

[**案例**13]

我国某承包公司作为分包商与奥地利某总承包公司签订了一房建项目的分包合同。该合同在伊拉克实施,它的产生完全是奥方总包精心策划,蓄意欺骗的结果。如在谈判中编制谎言说,每平方米单价只要114美元即可完成合同规定的工程量,而实际上按当地市场情况工程花费不低于每平方米500美元;有时奥方对经双方共同商讨确定的条款利用打字机会将对自己有利的内容塞进去;在准备签字的合同中擅自增加工程量等。该工程的分包合同价为553万美元,工期24个月。而在工程进行到11个月时,中方已投入654万美元,但仅完成工程量的25%。预计如果全部履行分包合同,还要再投入1 000万美元以上。结果中方不得不抛弃全部投入资金,彻底废除分包合同。在这个合同中双方责权利关系严重不平衡,合同签订中确实有欺诈行为,对方做了手脚。但作为分包商没有到现场做实地调查,而仅向总包口头"咨询",听信了"谎言",认了人家的"手脚",签了字,合同就有效,必须执行,而且无法对发包商责难。

[**案例**14]

在钢筋混凝土框架结构工程中,有钢结构杆件的安装分项工程。钢结构杆件由业主提供,承包商负责安装。在业主提供的技术文件上,仅用一道弧线表示了钢杆件,而没有详细的图纸或说明。施工中业主将杆件提供到现场,两端有螺纹,承包商接收了这些杆件,没有提出异议,在混凝土框架上用了螺母和子杆进行连接。在工程检查中承包商也没提出额外的要求。但当整个工程快完工时,承包商提出,原安装图纸表示不清楚,自己因工程难度增加导致费用超支,要求索赔。法院调查后表示,虽然合同曾对结构杆系的种类有含糊,但当业主提供了杆系,承包商无异议地接收了杆系,则这方面的疑问就不存在了。合同已因双方的行为得到了一致的解释,即业主提供的杆系符合合同要求,所以承包商索赔无效。

[**案例**15]

鲁布革引水系统工程,业主为中国水电部鲁布革工程局,承包商为日本大成建设株式会社,监理工程师为澳大利亚雪山公司。在工程过程中由于不利的自然条件造成排水设施的增加,引起费用索赔。

1.合同相关内容分析

工程量表中有如下相关分项:

3.07/1项:"提供和安装规定的最小排水能力",作为总价项目,报价:42 245 547日元和32 832.18元人民币。

3.07/3项:"提供和安装额外排水能力",作为总价项目,报价:10 926 404日元和4 619.97元人民币。同时技术规范中有S3.07(2)(C)规定:"由于开挖中的地下水量是未知的,如果规定的最小排水能力不足以排除水流,则工程师将指令安装至少与规定排水能力相等的额外排水能力。提供和安装额外排水能力的付款将在工程量表3.07/3项中按总价进行支付"。

S3.07(3)(C)中又规定:"根据工程师指令安装的额外排水能力将按照实际容量支付"。显然上述技术规范中的规定之间存在矛盾。合同规定的正常排水能力分别布置在:平洞及 AB 段为 1.5 t/min;C 段为 1.5 t/min;D 段为 1.5 t/min;渐变段及斜井为 3.0 t/min,合计 7.5 t/min。按 S3.07(2)(C)规定,额外排水能力至少等于规定排水能力,即可以大于 7.5 t/min。

2. 事态描述

从 1986 年 5 月至 1986 年 8 月底,大雨连绵。由于引水隧道经过断层和许多溶洞,地下水量大增,造成停工和设备淹没。经业主同意,承包商紧急从日本调来排水设施,使工程中排水设施总量增加到 30.5 t/min(其中 4 t/min 用于其他地方,已单独支付)。承包商于 1986 年 6 月 12 日就增加排水实施提出索赔意向,10 月 15 日正式提出索赔要求:索赔项目:被淹没设备损失 17 168 772 414.70 日元;增加排水设施 5 837 738 412 892.67 日元,合计 6 009 426 115 307.37 日元。

3. 责任分析

①机械设备由于淹没而受到损失,这属于承包商自己的责任,不予补偿。

②额外排水设施的增加情况属实。由于遇到不可预见的气候条件,并且应业主的要求增加了设备供应。

4. 理由分析

虽然对额外排水设施责任分析是清楚的,但双方就赔偿问题产生分歧。由于工作量表 3.07/3 项与规范 S3.07(2)(C),S3.07(3)(C)之间存在矛盾,按不同的规定则有不同的解决方法:

①按规范 S3.07(2)(C),额外排水能力在工作量表 3.07/3 总价项目中支付,而且规定"至少与规定排水能力相等的额外排水能力",则额外排水能力可以大于规定排水能力,且不应另外支付。

②按照规范 S3.07(3)(C),额外排水能力要按实际容量支付,即应予以全部补偿。

③由于合同存在矛盾,如果要照顾合同双方利益,导致不矛盾的解释,则认为工程量表 3.07/1 已包括正常排水能力,3.07/3 报价中已包括与正常的排水能力相等的额外排水能力,而超过的部分再按 S3.07(3)(C)规定,按实际容量给承包商以赔偿。这样每一条款都能得到较为合理的解释。最后双方经过深入的讨论,一致同意采用上述第 3 种解决方法。

5. 影响分析

承包商提出,报价所依据的排水能力仅为平洞 1.5 t/min,渐变段及斜井 3 t/min。其他两个工作面可以利用坡度自然排水。所以合同工程量表 3.07/1 和 3.07/3 中包括的排水能力为 9.0 t/min,即(1.5 t + 3 t)×2/min。承包商这样提出的目的,不仅可以增加属于赔偿范围的排水能力,而且提高了单位排水能力的合同单价。但工程师认为,承包商应按合同规定对每一个工作面布置排水设施,并以此报价。所以合同规定的排水能力为 15 t/min(正常排水能力 7.5 t/min,以及与它相同的额外排水能力)。属于索赔范围的,即适用规范 S3.07(3)(C)的排水能力为:30.5 t/min − 4 t/min − 15 t/min = 11.5 t/min。

6. 索赔值计算

承包商在报价单中有两个值:3.07/1 作为正常排水能力,报价较高;而 3.07/3 作为额外排水能力,报价很低。工程师认为,增加的是额外排水能力,故应按 3.07/3 报价计算。承包商对

3.07/3 报价低的原因作出了解释(可能由于额外排水能力是作为备用的,并非一定需要,故报价中不必全额考虑),并建议采用两项(3.07/1 和 3.07/3)报价之和的平均值计算。这个建议最终被各方接受。则合同规定的单位排水能力单价为:日元:(42 245 547 日元 + 10 926 404 日元)/15 t/min = 3 544 793 日元/(t/min);人民币:(32 832.18 元 + 4 619.97 元)/15 t/min = 2 496.81 元/(t/min)。则赔偿值为:日元:3 544 793 日元(t/min) × 11.5 t/min = 40 765 165 日元;人民币:2 496.81 元/(t/min) × 11.5 t/min = 28 713.31 元,最后双方就此达成一致。

7. 二义性的解决

如果经过上面的分析仍没得到一个统一的解释,则可采用如下原则:

①优先次序原则。合同是由一系列文件组成的,例如按 FIDIC 合同的定义,合同文件包括合同协议书、中标函、投标书、合同条件、规范、图纸、工程量表等。实质还包括合同签订后的变更文件及新的附加协议,合同签订前双方达成一致的附加协议。当矛盾和含糊出现在不同文件之间时,则可适用优先次序原则。各个合同都有相应的合同文件优先次序的规定。

②对起草者不利的原则。尽管合同文件是双方协商一致确定的,但起草合同文件常常又是买方(业主、总包)的一项权力,他可以按照自己的要求提出文件。按照责权利平衡的原则,他又应承担相应的责任。如果合同中出现二义性,即一个表达有两种不同的解释,可以认为二义性是起草者的失误,或是他有意设置的陷阱,则以对他不利的解释为准,这是合理的。我国的合同法也有相似的规定(如合同法第41条)。

**[案例 16]**

在某供应合同中,付款条款对付款期的定义是"货到全付款"。而该供应是分批进行的。在合同执行中,供应方认为,合同解释为"货到,全付款",即只要第一批货到,购买方即"全付款",而购买方认为,合同解释应为"货到全,付款",即货全到后,再付款。从字面上看,两种解释都可以。双方争执不下,各不让步,最终法院判定本合同无效,不予执行。实质上本案例还可以追溯合同的起草者。如果供应方起草了合同,则应理解为"货到全,付款";如果是购买方起草,则可以理解为"货到,全付款"。

**[案例 17]**

我国某承包公司在国外承包一项工程,合同签订时预计,该工程能盈利30万美元;开工时,发现合同有些条款不利,估计能持平,即可以不盈不亏;待工程进行了几个月,发现合同很为不利,预计要亏损几十万美元;待工期达到一半,再作详细核算,才发现合同极为不利,是个陷阱,预计到工程结束,至少亏损 1 000 万美元以上。到这时才采取措施,损失已极为惨重。

**[案例 18]**

在一国际工程中,按合同规定的总工期计划应于××××年××月××日开始现场搅拌混凝土。因承包商的混凝土拌和设备迟迟运不上工地,承包商决定使用商品混凝土,但为业主否决。而在承包合同中未明确规定使用何种混凝土。承包商不得已,只有继续组织设备进场,由此导致施工现场停工、工期拖延和费用增加,对此承包商提出工期和费用索赔。而业主以如下两点理由否定承包商的索赔要求:

(1)已批准的施工进度计划中确定承包商用现场搅拌混凝土,承包商应遵守。

(2)拌和设备运不上工地是承包商的失误,他无权要求赔偿。

最终将争执提交调解人。调解人认为:因为合同中未明确规定一定要用工地现场搅拌的混凝土(施工方案不是合同文件),则商品混凝土只要符合合同规定的质量标准也可以使用,不必经业主批准。因为按照惯例,实施工程的方法由承包商负责。他在不影响或为了更好地保证合同总目标的前提下,可以选择更为经济合理的施工方案。业主不得随便干预。在这前提下,业主拒绝承包商使用商品混凝土,是一个变更指令,对此可以进行工期和费用索赔。但该项索赔必须在合同规定的索赔有效期内提出。当然承包商不能因为用商品混凝土要求业主补偿任何费用。最终承包商获得了工期和费用补偿。

## [案例19]

在某工程中,业主在招标文件中提出工期为24个月。在投标书中,承包商的进度计划也是24个月。中标后承包商向工程师提交一份详细进度计划,说明18个月即可竣工,并论述了18个月工期的可行性,工程师认可了承包商的计划。在工程中由于业主原因(设计图纸拖延等)造成工程停工,影响了工期,虽然实际总工期仍小于24个月,但承包商仍成功地进行了工期和与工期相关的费用索赔,因为18个月工期计划是有约束力的。

## [案例20]

某毛纺厂建设工程,由英国某纺织企业出资85%,中国某省纺织工业总公司出资15%成立的合资企业(以下简称A方),总投资约为1 800万美元,总建筑面积22 610 ㎡,其中土建总投资为3 000多万元人民币。该厂位于丘陵地区,原有许多农田及藕塘,高低起伏不平,近旁有一国道。土方工作量很大,厂房基础采用搅拌桩和振动桩约8 000多根,主厂房主体结构为钢结构,生产工艺设备和钢结构由英国进口,设计单位为某省纺织工业设计院。

1. 土建工程招标及合同签订过程

土建工程包括生活区4栋宿舍、生产厂房(不包括钢结构安装)、办公楼、污水处理站、油罐区、锅炉房等共15个单项工程。业主希望及早投产并实现效益。土方工程先招标,土建工程第二次招标,限定总工期为半年,共27周,跨越一个夏季和冬季。

由于工期紧,招标过程很短,从发标书到收标仅10 d时间。招标图纸设计较粗略,没有施工详图,钢筋混凝土结构没有配筋图。

工程量表由业主提出目录,工作量由投标人计算并报单价,最终评标核定总价。合同采用固定总价合同形式,要求报价中的材料价格调整独立计算。

共有10家我国建筑公司参加投标,第一次收到投标书后,发现各企业都用国内的概预算定额分项和计算价格,未按照招标文件要求报出完全单价,也未按招标文件的要求编制投标书,使投标文件的分析十分困难。故业主退回投标文件,要求重新报价。这时有5家退出竞争。这样经过4次反复退回投标文件重新做标报,才勉强符合要求。A方最终决定我国某承包公司B(以下简称B方)中标。

本工程采用固定总价合同,合同总价为17 518 563人民币(其中包括不可预见风险费1 200 000元)。

2. 合同条件分析

本工程合同条件选择是在投标报价之后,由A方与B方议定。A方坚持用ICE,即英国土木工程师学会和土木工程承包商联合会颁布的标准土木工程施工合同文本;而B方坚持使用我国的示范文本。但A方认为示范文本不完备,不符合国际惯例,可执行性差。最后由A方起草合同文本,基本上采用ICE的内容,增加了示范文本的几个条款。1995年6月23日A方提出合同条件,6月24日双方签订合同。

合同条件相关的内容如下:

(1)合同在中国实施,以中华人民共和国的法律作为合同的法律基础。

(2)合同文本用英文编写,并翻译成中文,双方同意两种文本具有相同的权威性。

(3)A方的责任和权力。

①A方任命A方的现场经理和代表负责工程管理工作。

②B方的设备一经进入施工现场即被认为是为本工程专用。没有A方代表的同意,B方不得将它们移出工地。

③A方负责提供道路、场地,并将水电管路接到工地。A方提供两个75 kVA发电机供B方在本工程中使用,提供方式由B方购买,A方负责费用。发电机的运行费用由B方承担。施工用水电费用由B方承担,按照实际使用量和规定的单价在工程款中扣除。

④合同价格的调整必须在A方代表签字的书面变更指令作出后才有效。增加和减少工作量必须按照投标报价所确定的费率和价格计算。

如果变更指令会引起合同价格的增加或减少,或造成工程竣工期的拖延,则B方在接到变更指令后7 d内书面通知A方代表,由A方代表作出确认,并且在双方商讨变更的价格和工期拖延量后才能实施变更,否则A方对变更不予付款。

⑤如果发现有由于B方负责的材料、设备、工艺所引起的质量缺陷,A方发出指令,B方应尽快按合同修正这些缺陷,并承担费用。

⑥本工程执行英国规范,由A方提供一本相关的英国规范给B方。A方及A方代表出于任何考虑都有权指令B方保证工程质量达到合同所规定的标准。

(4)B方的责任和权力。

①若发现施工详图中的任何错误和异常应及时通知A方,但B方不能修改任何由A方提供的图纸和文件,否则将承担由此造成的全部损失费用。

②B方负责现场以外的场地、道路的许可证及相关费用。(其他略)

(5)合同价格。

①本合同采用固定总价方式,总造价为17 518 563元人民币。它已包括B方在工程施工的所有花费和应由B方承担的不可预见的风险费用。

②付款方式:

a.签订合同时,A方付给B方400万元备料款。

b.每月按当月工程进度付款。在每月的最后一个星期五,B方提交本月的已完成工程量的款额账单。在接到B方账单后,A方代表7 d内作出审查并支付。

c.A方保留合同价的5%作为保留金。在工程竣工验收合格后A方将其中的一半支付给B方,待保修期结束且没有工程缺陷后,再支付另外的一半。

(6)合同工期。

①合同工期共27周,从1995年7月17日到1996年1月20日。

②若工程在合同规定时间内竣工,A方向B方奖励20万元,另外每提前1 d再奖励1万元。若不能在合同规定时间内竣工,拖延的第一周违约金为20万元,在合同规定竣工日期一周

以后,每超过 1 d,B 方赔偿 5 000 元。

③若在施工期间发生超过 14 d 的阴雨或冰冻天气,或由于 A 方责任引起的干扰,A 方给予 B 方以延长工期的权力。若发生地震等 B 方不能控制的事件导致工期延误,B 方应立即通知 A 方代表,提出工期顺延要求,A 方应根据实际情况顺延工期。

(7)违约责任和解除合同。

①若 B 方未在合同规定时间内完成工程或违反合同有关规定,A 方有权指令 B 方在规定时间内完成合同责任。若 B 方未履行,A 方可以雇用另一承包商完成工程,全部费用由 B 方承担。②如果 B 方破产,不能支付到期的债务,发生财务危机,A 方有权解除合同。③A 方认为 B 方不能安全、正确地履行合同责任,或已无力胜任本工程的合同任务或公然忽视履行合同,则可指令 B 方停工,并由 B 方承担停工责任。若 B 方拒不执行 A 方指令,则 A 方有权终止对 B 方的雇用。

(8)争执的解决。

本合同的争执应首先以友好协商的方式解决,若不能达成一致,任何一方都有权力提请仲裁。若 A 方提请仲裁,则仲裁地点在上海;若 B 方提请仲裁,则仲裁地点在新加坡。(其他略)

3. 合同实施状况

本工程土方工程从 1995 年 5 月 11 日开始,7 月中旬结束,则土建施工队伍 7 月份就进场(比土建施工合同进场日期提前)。但在施工过程中由于以下原因造成施工进度的拖延、工程质量问题和施工现场的混乱:

①在当年 8 月份出现较长时间的阴雨天气。

②A 方发出许多工程变更指令。

③B 方施工组织失误、资金投入不够、工程难度超过预先的设想。

④B 方施工质量差,被业主代表指令停工返工等。

原计划工程于 1996 年 1 月结束并投入使用,但实际上,到 1996 年 2 月下旬,即工程开工后的 31 周,还有大量的合同工作量没有完成。此时业主以如下理由终止了和承包商的原合同关系:

①承包商施工质量太差,不符合合同规定,又无力整改。

②工期拖延而又无力弥补。

③使用过多无资历的分包商,而且施工现场出现多级分包;将原属于 B 方工程范围内的一些未开始的分项工程删除,并另发包给其他承包商,并催促 B 方尽快施工,完成剩余工程。

1996 年 5 月,工程仍未竣工,A 方仍以上面 3 个理由指令 B 方停止合同工作,终止合同工程,由其他承包商完成。

在工程过程中 B 方提出近 1 200 万的索赔要求,在工程过程中一直没有得到解决。而双方经过几轮会谈,在 10 个月后,最终业主仅赔偿承包商 30 万元。

本工程无论从 A 方或 B 方的角度都不算成功的工程,都有许多经验教训值得记取。

4. B 方的教训

在本工程中,B 方受到很大损失,不仅经济上亏本很大,而且工期拖延,被 A 方逐出现场,对企业形象有很大的影响。这个工程的教训是深刻的。

(1)从根本上说,本工程采用固定总价合同,招标图纸比较粗略,做标期短,地形和地质条件复杂,所使用的合同条件和规范是承包商所不熟悉的。对 B 方来说,几个重大风险集中起来,失败的可能性是很大的,承包商的损失是不可避免的。

1996 年 7 月,工程结束时 B 方提出实际工程量的决算价格为 1 882 万元(不包括许多索赔)。经过长达近 10 个月的商谈,A 方最终认可的实际工程量决算价格为 1 416 万元人民币。双方结算的差异主要在于:

①本工程招标图纸较粗略,而 A 方在招标文件中没给出工作量,由 B 方计算工程量,而 B 方计算的数字都很低。例如图纸缺少钢筋配筋图,承包商报价时预算 402 t 钢筋,而按后来颁发的详细的施工图核算应为约 720 t。在工程中,由于工程变更又增加了 290 t,即整个实际用量约 1 010 t。由于为固定总价合同,A 方认为详细的施工图用量与 B 方报价之差 318 t(即 720 t － 402 t),合计价格 100 多万元是 B 方报价的失误,或为获得工程而作出的让步,在任何情况下不予补偿。

②B 方在工程管理上的失误。例如:在工程施工中 B 方现场人员发现缺少住宅楼的基础图纸,再审查报价发现漏报了住宅楼的基础价格约 30 万人民币。分析责任时,B 方的预算员坚持认为,在招标文件中 A 方漏发了基础图,而 A 方代表坚持是 B 方的预算帅把基础图弄丢了。由于采用了固定总价合同,B 方最终承担了这个损失。这个问题实质上是 B 方自己的责任,他应该:a. 接到招标文件后应对招标文件的完备性进行审查,将图纸和图纸目录进行校对,如果发现有缺少,应要求 A 方补充。b. 在制订施工方案或作报价时仍能发现图纸的缺少,这时仍可以向业主索要,或自己出钱复印,这样可以避免损失。

(2)报价的失误。B 方报价按照我国国内的定额和取费标准,但没有考虑到合同的具体要求,合同条件对 B 方责任的规定,英国规范对工程质量、安全的要求。例如:

①开工后,A 方代表指令 B 方按照工程规范的要求为 A 方的现场管理人员建造临时设施。办公室地面要有防潮层和地砖,厕所按现场人数设位,要有高位水箱,化粪池,并贴瓷砖,这大大超出 B 方的预算。

②A 方要求 B 方有安全措施,包括设立急救室、医务设备,施工人员在工地上应配备专用防钉鞋、防灰镜、防雨具,这方面的花费都在报价中没有考虑到。

③由于施工工地在一个国道西侧,弃土须堆到国道东侧,这样必须切断该国道。在这个过程中发生了申请切断国道许可、设告示栏、运土过程中安全措施、施工后修复国道等各种费用,而 B 方报价中未考虑到这些费用。B 方向 A 方提出索赔,但为 A 方反驳,因为合同已规定这是 B 方责任,应由 B 方支付费用。

当然,在本工程中,A 方在招标文件中没有提出合同条件,而在确定承包商中标后才提出合同条件。这是不对的,违反惯例。这也容易造成承包商报价的失误。

(3)工程管理中合同管理过于薄弱,施工人员没有合同的概念,不了解国际工程的惯例和合同的要求,仍按照国内通常的方法施工、处理与业主的关系。例如:

①对 A 方代表的指令不积极执行,作"冷处理",造成英方代表许多误解,导致双方关系紧张。例如,B 方按图纸规定对内墙用纸筋灰粉刷,A 方代表(英国人)到现场一看,认为用草和石灰粉刷,质量不能保证,指令暂停工程。B 方代表及 A 方的其他中方管理人员向他说明纸筋灰在中国用得较多,质量能保证。A 方代表要求暂停粉刷,先粉刷一间,让他确认一下,如果确实可行,再继续施工。但 B 方对 A 方代表的指令没有贯彻,粉刷工程小组虽然已经听到 A 方代表

的指令,但仍按原计划继续粉纸筋灰。几天后粉刷工程即将结束,A方代表再到现场一看,发现自己指令未得到贯彻,非常生气,拒绝接收纸筋灰粉刷工程,要求全部铲除,重粉水泥砂浆。因为图纸规定使用纸筋灰,B方就此提出费用索赔,包括:

　　a.已粉好的纸筋灰工程的费用。

　　b.返工清理。

　　c.两种粉刷价差索赔。

　　但A方代表仅认可两种粉刷的价差索赔,而对返工造成的损失不予认可,因为他已下达停工指令,继续施工的损失应由B方承担。而且A方代表感到B方代表对他不尊重。所以导致后期在很多方面双方关系非常紧张。

　　②施工现场几乎没有书面记录。本工程变更很多,由于缺少记录,造成许多工程款无法如数索赔。

　　例如在施工现场有3个很大的水塘,设计前勘察人员未走到水塘处,地形图上有明显的等高线,但未注明是水塘。承包商现场考察时也未注意到水塘。施工后发现水塘,按工程要求必须清除淤泥,并要回填,B方提出6 600 m³的淤泥外运量,费用133 000元索赔要求,认为招标文件中未标明水塘,则应作为新增工程分项处理。A方工程师认为,对此合同双方都有责任:A方未在图上标明,提供了不详细的信息;而B方未认真考察现场。最终A方还是同意这项补偿。但B方在施工现场没有任何记录、照片,没有任何经A方代表认可的证明材料,例如土方外运多少、运到何处、回填多少、从何处取土。最终A方仅承认60 000元的赔偿。

　　③乙方的工程报价及结算人员与施工现场脱节,现场没有估价师,每月B方派工作量统计员到现场与业主结算,他只按图纸和原工程量清单结算,而忽视现场的记录和工程变更,与现场乙方代表较少沟通。

　　④合同规定,A的任何变更指令必须再次由A方代表书面确认,并双方商谈价格后再执行,承包商才能获得付款。而在现场,承包商为业主完成了许多额外工作和工程变更,但没有注意到业主的书面确认,也没有和业主商谈补偿费用,也没有现场的任何书面记录,导致许多附加工程款项无法获得补偿。A方代表对他的同事说:"中国人怎么只知干活不要钱。""结算师每月进入现场一次,象郊游似的,工程怎么能盈利呢?"

　　⑤业主出于安全的考虑,要求承包商在工程四周增加围墙。当然这是合同内的附加工程。业主提出了基本要求:围墙高2 m,上部为压顶,花墙,下部为实心一砖墙,再下面为条型大放脚基础,再下为道砟垫层。业主要求承包商以延长米报价,所报单价包括所有材料、土方工程。承包商的估算师未到现场详细调查,仅按照正常的地平以上2 m高,下为大放脚和道砟,正常土质的挖基槽计算费用,而忽视了当地为丘陵地带,而且有许多藕塘和稻田,淤泥很多,施工难度极大。结果实际土方量、道砟的用量和砌砖工程量大大超过预算。由于按延长米报价,业主不予补偿。

　　⑥由于本工程仓促上马,所以变更很多。业主代表为了控制投资,在开工后再次强调,承包商收到变更指令或变更图纸,必须在7 d内报业主批准(即为确认),并双方商定变更价格,达成一致后再进行变更,否则业主对变更不予支付。这一条应该说对承包商是有利的。但施工中B方代表在收到书面指令后不去让业主确认,不去谈价格(因为预算员不在施工现场),而本工程的变更又特别多,所以大量的工程变更费用都未能拿到。

（4）承包商工程质量差，工作不努力，拖拉，缺少责任心，使 A 方代表对 B 方失去信任和信心。例如开工后，像我国许多国内工程一样，施工现场出现了许多未经业主代表批准的分包商，以及多级分包现象。这些分包商分包关系复杂，A 方代表甚至 B 方代表都难以控制。他们工作没有热情，施工质量差，工地上协调困难，造成混乱。这在任何国际工程中都是不能允许的。

在相当一部分墙体工程中，由于施工质量太差，高低不平，无法通过验收，A 方代表指令加厚粉刷，为了保证质量，要求 B 方在墙面上加钢丝网，而不给承包商以费用补偿。这不仅大大增加了 B 方的开支，而且 A 方对工程不满意。

投标前 A 方提供了一本适用于本工程的英国规范，但 B 方工程人员从未读过，施工后这本规范找不到了，而 B 方人员根深蒂固的概念是按图施工，结果造成许多返工。例如在施工图上将消防管道与电线管道放于同一管道沟中，中间没有任何隔离，B 方按图施工，完成后，A 方代表拒绝验收，因为：

①这样做极不安全，违反了 A 方所提供的工程规范。

②即使施工图上是两管放在一起，是错的，但合同规定，承包商若发现施工图中的任何错误和异常，应及时通知 A 方。作为一个有经验的承包商应能够发现这个常识性的错误。所以 A 方代表指令 B 方返工，将两管隔离，而不给承包商任何补偿。

5. A 方的教训

在本工程中 A 方也受到很大损失，表现在：

（1）工期拖延。原合同工期27周，从1995年7月17日到1996年1月20日，但实际工程到1996年9月尚未完成，严重影响了投资计划的实现。双方就工程款的结算工作一直拖到1997年4月。

（2）质量很差。如主厂房地坑防水砂浆粉刷后漏水；许多地方混凝土工程跑模；混凝土板浇捣不密实出现孔洞，柱子倾斜；由于内墙砌筑不平，造成粉刷太厚，表面开裂等。

（3）由于承包商未能按质按量完成工程，业主不得不终止与 B 方的合同，而将剩余的工程再发包，请另外的承包商来完成。这给业主带来很大的麻烦，对工程施工现场造成很大的混乱。

（4）当然 A 方的合同管理也有许多教训值得记取：

①本工程初期，A 方的总经理制订项目总目标，作合同总策划。但他是搞经营出身的，没有工程背景，仅按市场状况作计划，急切地想上马这个项目，想压缩工期，所以将计划期、做标期、设计期、施工准备期缩短，这是违反客观规律的，结果欲速则不达，不仅未提前，反而大大延长了工期。

②由于项目仓促上马，设计和计划不完备，工程中业主的指令所造成的变更太多，地质条件又十分复杂，不应该用固定总价合同。这个合同的选型出错，打倒了承包商，当然也损害了工程的整体目标。

③如果要尽快上马这个项目，应采用承包商所熟悉的合同条件。而本工程采用承包商不熟悉的英文合同文本、英国规范，对承包商风险太大，工程不可能顺利。

④采用固定总价合同，则业主不仅应给承包商提供完备图纸，合同的条件，而且应给承包商合理的做标期、施工准备期等，而且应帮助承包商理解合同条件，双方及时沟通。但在本工程中业主及业主代表未能做好这些工作。

⑤业主及业主代表对承包商的施工力量，管理水平，工程习惯等了解太少，授标后也没有给

承包商以帮助。

## [案例 21]

### 某国的住宅工程门窗工程量增加索赔

1. 合同分析

合同条件中关于工程变更的条款为："……业主有权对本合同范围的工程进行他认为必要的调整。业主有权指令不加代替地取消任何工程或部分工程,有权指令增加新工程……但增加或减少的总量不得超过合同额的 25%。这些调整并不减少乙方全面完成工程的责任,而且不赋予乙方针对业主指令的工程量的增加或减少任何要求价格补偿的权利。"在报价单中有门窗工程一项,工作量为 10 133.2 $m^2$。对工作内容承包商的理解(翻译)为"以平方米计算,根据工艺的要求运进、安装和油漆门和窗,根据图纸中标明的规范和尺寸施工。"即认为承包商不承担门窗制作的责任。对此项承包商报价仅为 2.5 LE(埃镑)/$m^2$。而上述的翻译"运进"是不对的,应为"提供",即承包商承担门窗制作的责任,而报价时没有门窗详图。如果包括制作,按照当时的正常报价应为 130 LE/$m^2$。在工程中,由于业主觉得承包商门窗报价很低,则下达变更令加大门窗面积,增加门窗层数,使门窗工作量达到 25 090 $m^2$,且大部分门窗都有板、玻璃、纱3 层。

2. 承包商的要求

承包商以业主扩大门窗面积、增加门窗层数为由要求与业主重新商讨价格,业主的答复为:合同规定业主有权变更工程,工程变更总量在合同总额 25% 范围之内,承包商无权要求重新商讨价格,所以门窗工程都以原合同单价支付。对合同中"25% 的增减量"是合同总价格,而不是某个分项工程量,例如本例中尽管门窗增加了 150%,但墙体的工程量减少,最终合同总额并未有多少增加,所以合同价格不能调整。实际付款必须按实际工程量乘以合同单价,尽管这个单价是错的,仅为正常报价的 1.3%。承包商在无奈的情况下,与业主的上级接触。由于本工程承包商报价存在较大的失误,损失很大,希望业主能从承包商实际情况及双方友好关系的角度考虑承包商的索赔要求。

最终业主同意:

(1)在门窗工作量增加25%的范围内按原合同单价支付,即 12 666.5 $m^2$ 按原价格 2.3 LE/$m^2$ 计算。

(2)对超过的部分,双方按实际情况重新商讨价格。最终确定单价为 130 LE/$m^2$,则承包商取得费用赔偿:(25 090 $m^2$ – 10 133.2 $m^2$ × 1.25) × (130 LE/$m^2$ – 2.5 LE/$m^2$) = 12 423.5 $m^2$ × 127.5 LE/$m^2$ = 1 583 996.25 LE。

3. 案例分析:

(1)这个索赔实际上是道义索赔,即承包商的索赔没有合同条件的支持,或按合同条件是不应该赔偿的。业主完全从双方友好合作的角度出发同意补偿。

(2)翻译的错误是经常发生的,它会造成对合同理解的错误和报价的错误。由于不同语言之间存在着差异,工程中又有一些习惯用语。对此如果在投标前把握不准或不知业主的意图,可以向业主询问,请业主解答,切不可自以为是地解释合同。

(3)在本例中报价时没有门窗详图,承包商报价会有很大风险,就应请业主对门窗的一般要求予以说明,并根据这个说明提出的要求报价。

(4)当有些索赔或争执难以解决时,可以由双方的高层进行接触,商讨解决办法,问题常常易于解决。一方面,对于高层,从长远的友好合作的角度出发,许多索赔可能都是"小事";另一方面,使上层了解索赔处理的情况和解决的困难,更容易吸取合同管理的经验和教训。

## [案例 22]

在我国一项总造价数亿美元的房屋建造工程项目中,某国 TL 公司以最低价击败众多竞争对手而中标。作为总包,他又将工程分包给中国的一些建筑公司。中标时,许多专家估计,由于报价低,该工程最多只能保本。而最终工程结束时,该公司取得 10% 的工程报价的利润。

它的主要手段有:

(1)利用分包商的弱点。承担分包任务的中国公司缺乏国际工程经验。TL 公司利用这些弱点在分包合同上做文章,甚至违反国际惯例,加上许多不合理的、苛刻的、单方面的约束性条款。在向我分包公司下达任务或提出要求时,常常故意不出具书面文件,而我分包商却轻易接受并完成工程任务。但到结账、追究责任时,我分包商因拿不出书面证据而失去索赔机会,受到损失。

(2)竭力扩大索赔收益,并避免受罚。无论工程设计细微修改,物价上涨,或影响工程进度的任何事件都是 TL 公司向我方业主提出经济索赔或工期索赔的理由。只要有机可乘,他们就大幅度加价索赔。仅 1989 年一年中,TL 公司就向我国业主提出的索赔要求达 6 000 万美元。而整个工程比原计划拖延了 17 个月,TL 公司灵活巧妙地运用各种手段,居然避免受罚。反过来,TL 公司对分包商处处克扣,分包商如未能在分包合同规定工期内完成任务,TL 公司对他们实行重罚,毫不手软。这听起来令人生气,但又没办法。这是双方管理水平的较量。而不是靠道德来维持。不提高管理水平,这样的事总是难免的。

## [案例 23]

在某桥梁工程中,承包商按业主提供的地质勘察报告做了施工方案,并投标报价。开标后业主向承包商发出了中标函。由于该承包商以前曾在本地区进行过桥梁工程的施工,按照以前的经验,他觉得业主提供的地质报告不准确,实际地质条件可能复杂得多。所以在中标后作详细的施工组织设计时,他修改了挖掘方案,为此增加了不少设备和材料费用。结果现场开挖完全证实了承包商的判断,承包商向业主提出了两种方案费用差别的索赔。但为业主否决,业主的理由是:按合同规定,施工方案是承包商应负的责任,他应保证施工方案的可用性、安全、稳定和效率。承包商变换施工方案是从他自己的责任角度出发的,不能给予赔偿。实质上,承包商的这种预见性为业主节约了大量的工期和费用。如果承包商不采取变更措施,施工中出现新的与招标文件不一样的地质条件,此时再变换方案,业主要承担工期延误及与它相关的费用赔偿、原方案费用和新方案的费用,低效率损失等。理由是地质条件是一个有经验的承包商无法预见的。但由于承包商行为不当,使自己处于一个非常不利的地位。如果要取得本索赔的成功,承包商在变更施工方案前到现场挖一下,作一个简单的勘察,拿出地质条件复杂的证据,向业主提交报告,并建议作为不可预见的地质情况变更施工方案。则业主必须慎重地考虑这个问题,并作出答复。无论业主同意或不同意变更方案,承包商的索赔地位都十分有利。

## [案例 24]

某大型路桥工程,采用 FIDIC 合同条件,中标合同价 7 825 万美元,工期 24 个月,工期拖延罚款 95 000 美元/天。

(1)事态描述:在桥墩开挖中,地质条件异常,淤泥深度比招标文件所述深得多,基岩高程低于设计图纸 3.5 m,图纸多次修改。工程结束时,承包人提出 6.5 个月工期和 3 645 万美元费用索赔。

(2)影响分析:

①合同状态分析。业主全面分析承包商报价,经详细核算后,预算总价应为 8 350 万美元。工期 24 个月。则承包商将报价降低了 525 万美元(即 8 350 万 – 7 825 万)。这为他在投标时认可的损失,应当由承包商自己承担。

②可能状态分析。由于复杂的地质条件、修改设计、迟交图纸等原因(这里不计承包商责任和承包商风险的事件),造成承包商费用增加,经核算可能状态总成本应为 9 874 万美元,工期约为 28 个月,则承包商有权提出的索赔仅为 1 524 万美元(即 9 874 万 – 8 350 万)和 4 个月工期索赔。由于承包商在投标时已认可了 525 万美元损失,则仅能赔偿 999 万美元(即 1 524 万 – 525 万)。

③实际状态分析。承包商提出的索赔是在实际总成本和总工期(即实际状态)分析基础之上的,实际总成本为 11 470 万美元(即 7 825 万 + 3 645 万),实际工期为 30.5 个月。

(3)业主的反索赔:实际状态与可能状态成本之差 1 596 万美元(即 11 470 万 – 9 874 万)为承包商自己管理失误造成的损失,或提高索赔值造成的,由承包商自己负责。由于承包商原因造成工期拖延 2.5 个月,对此业主要求承包商支付误期违约金:误期赔偿金 = 95 000 美元/天 × 76 天 = 7 220 000 美元

(4)最终双方达成一致:业主向承包人支付为:999 万美元 – 722 万美元 = 277 万美元。

(5)案例分析。对承包商的赔偿应为 1 524 万美元,而不是 999 万美元,因为 1 524 万美元是承包商有权提出的索赔额,与承包商报价相比,已经扣除了 525 万美元,如果再扣掉 525 万美元,承包商受到双倍损失。这里计算似乎有误。

## [案例 25]

某工程报价中有钢筋混凝土梁 40 m³,测算模板 285 m²,支模工作内容包括现场运输、安装、拆除、清理、刷油等。由于发生许多干扰事件,造成人工费的增加,现对人工费索赔分析如下:

(1)合同状态分析。预算支模用工 3.5 h/m²,工资单价为 5 美元/h,则模板报价中人工费为:5 美元/h × 3.5 h/m² × 285 m² = 4 987.5 美元。

(2)实际状态分析。在实际工程中按照量方、用工记录、承包商的工资报表:①由于工程师指令工程变更,使实际钢筋混凝土梁为 43 m³,模板为 308 m²。②模板小组 12 人共工作 12.5 d,每天 8 h,其中等待变更,现场 12 人停工 6 h。③由于国家政策变化,造成工资上涨到 5.5 美元/h。则实际模板工资支出为:5.5 美元/h × 8 h/(d·人) × 12.5 d × 12 人 = 6 600 美元,实际状态与合同状态的总差额为:6 600 美元 – 4 987.5 美元 = 1612.5 美元。

(3)可能状态分析。由于设计变更、政策的变化和等待变更指令属于业主的责任和风险:①设计变更所引起的人工费变化:5 美元/h × 3.5 h/m² × (308 – 285) m² = 402.5 美元。②工资上涨引起的人工费变化:(5.5 – 5) 美元/h × 3.5 h/m² × 308 m² = 539 美元。③停工等待变更指令引起的人工费增加:5.5 美元/h × 12 人 × 6 h = 396 美元。④可能状态人工费增加总额为:

402.5 美元 + 539 美元 + 396 美元 = 1 337.5 美元,则承包商有理由提出费用索赔的数量为 1 337.5 美元。

(4)由于劳动效率降低是由承包商自己负责,则:承包商实际使用工时 = 8 h/(工时·人) × 12.5 d × 12 人 = 1 200 工时,承包商用工超量 = 1 200 工时 - 3.5 h/m² × 308 m² - 6 h/人 × 12 人 = 50 h,相应人工费增量 = 5.5 美元/工时 × 50 工时 = 275 美元。

**[案例 26]**

某工程,原合同规定两个阶段施工,工期为:土建工程 21 个月,安装工程 12 个月。现以一定量的劳动力需要量作为相对单位,则合同所规定的土建工程量可折算为 310 个相对单位,安装工程量折算为 70 个相对单位。合同规定,在工程量增减 10% 的范围内,作为承包商的工期风险,不能要求工期补偿。在工程施工过程中,土建和安装工程的工程量都有较大幅度的增加,同时又有许多附加工程,使土建工程量增加到 430 个相对单位,安装工程量增加到 117 个相对单位。对此,承包商提出工期索赔。考虑到工程量增加 10% 作为承包商的风险,则土建工程量应为:310 × 1.1 = 341 相对单位,安装工程量应为:70 × 1.1 = 77 相对单位。由于工程量增加造成工期延长为:土建工程工期延长 = 21 月 × (430/341 - 1) = 5.5 月;安装工程工期延长 = 12 月 × (117/77 - 1) = 6.2 月;则总工期索赔 = 5.5 月 + 6.2 月 = 11.7 月。这里将原计划工作量增加 10% 作为计算基数,一方面考虑到合同规定的风险,另一方面由于工作量的增加,工作效率会有提高。这不是对工程变更引起工期延长的精细的分析,而是基于合同总工期计划上的估算,比较粗,也有很多不合理的地方。如果仅某个分项工程工程量增加,则可按工程量增加的比例扩大网络上相关活动的持续时间,重新进行网络分析。

**[案例 27]**

在某工程施工中,业主推迟办公楼工程基础设计图纸的批准,使该单项工程延期 10 周。该单项工程合同价为 80 万美元,而整个工程合同总价为 400 万美元。则承包商提出工期索赔为:总工期索赔 = 受干扰部分的工程合同价 × 该部分工程受干扰工期拖延量/整个工程合同总价 = 80 万 × 10 周/400 万 = 2 周。

**[案例 28]**

某工程有 A,B,C,D,E 5 个单项工程。合同规定由业主提供水泥。在实际施工中,业主没能按合同规定的日期供应水泥,造成工程停工待料。根据现场工程资料和合同双方的通信等证明,由于业主水泥提供不及时对工程施工造成如下影响:A 单项工程 500 m³ 混凝土基础推迟 21 d;B 单项工程 850 m³ 混凝土基础推迟 7 d;C 单项工程 225 m³ 混凝土基础推迟 10 d;D 单项工程 480 m³ 混凝土基础推迟 10 d;E 单项工程 120 m³ 混凝土基础推迟 27 d。承包商在一揽子索赔中,对业主材料供应不及时造成工期延长提出索赔如下:总延长天数 = 21 d + 7 d + 10 d + 10 d + 27 d = 75 d;平均延长天数 = 75 d/5 = 15 d;工期索赔值 = 15 d + 5 d = 20 d。天这里附加 5 d 为考虑它们的不均匀性对总工期的影响。

**比例分析方法有如下特点:**

(1)计算简单、方便,不需作复杂的网络分析,在意义上人们也容易接受,所以用得也比较多。

(2)常常不符合实际情况,不太合理,不太科学。因为从网络分析可以看到,关键线路活动的任何延长,即为总工期的延长;而非关键线路活动延长常常对总工期没有影响。所以不能统一以合同价格比例折算。按单项工程平均值计算同样有这个问题。

(3)这种分析方法对有些情况不适用,例如业主变更工程施工次序,业主指令采取加速措施,业主指令删减工程量或部分工程等,如果仍用这种方法,会得到错误的结果。这在实际工作中应予以注意。

(4)对工程变更,特别是工程量增加所引起的工期索赔,采用比例计算法存在一个很大的缺陷。由于干扰事件是在工程过程中发生的,承包商没有一个合理的计划期,而合同工期和价格是在合同签订前确定的,承包商有一个做标期。所以它们是不可比的。工程变更指令会造成施工现场的停工、返工,计划要重新修改,承包商要增加或重新安排劳动力、材料和设备,会引起施工现场的混乱和低效率。这样工程变更的实际影响比按比例法计算的结果要大得多。在这种情况下,工期索赔常常是由施工现场的实际记录决定的。

## [案例 29]

某工程,按原合同规定的施工计划,工程全部需要劳动力为 255 918 人/日。由于开工后,业主没有及时提供设计资料而造成工期拖延 13.5 个月。在这个阶段,工地上实际使用劳动力 85 604 人/日。其中临时工程用工 9 695 人/日,非直接生产用工 31 887 人/日。这些有记工单和工资表为证据。而在这一阶段,实际仅完成原计划全部工程量的 9.4%。另外,由于业主指令工程变更,使合同工程量增加 20%(工程量增加索赔另外提出)。承包商对由此造成的生产效率降低提出费用索赔,其分析如下:由于工程量增加 20%,则相应全部工程的劳动力总需要量也应按比例增加。合同工程劳动力总需要量 = 255 918 人·日 ×(1 + 20%) = 307 102 人·日。而这阶段实际仅完成 9.4% 的工程量:9.4% 工程量所需劳动力 = 307 102 人·日 ×9.4% = 28 868 人·日。在这一阶段的劳动生产效率损失应为工地实际使用劳动力数量扣除 9.4% 工程量所需劳动力数、临时工程用工和非直接生产用工,即劳动生产效率损失 = 85 604 人·日 – 28 868 人·日 – 9 695 人·日 – 31 887 人·日 = 15 154 人·日。合同中生产工人人工费报价为 34 美元/(人·日),工地交通费 2.2 美元/(人·日):人工费损失 = 15 154 人·日 ×34 美元/(人·日) = 515 236 美元;工地交通费 = 15 154 人·日 ×2.2 美元/(人·日) = 33 339 美元。其他费用,如膳食补贴、工器具费用、各种管理费等项目索赔值计算从略。

案例分析:

这种计算会有许多问题:

(1)这种计算要求投标报价中劳动效率的确定是科学的符合实际的。如果投标书中承包商把劳动效率定得较高,即计划用人工数较少,则承包商通过索赔会获得意外的收益。所以有些工程师在处理此类问题时,要重新审核承包商的报价依据,有时为了客观起见,还要参考本工程的其他投标书中的劳动效率值。

(2)对承包商责任和风险造成的劳动力损失,如由于气候原因造成现场工人停工,应在其中扣除,对此工程师必须有详细的现场记录,否则计算不准确,也容易引起争执。

## [案例 30]

某工程合同工作量 1 856 900 美元,合同工期 12 个月,两合同中工地管理费 269 251 美元,由于业主图纸供应不及时,造成施工现场局部停工两个月,在这两个月中,承包商共完成工作量 78 500 美元,则 78 500 美元相当于正常情况的施工期为:785 00 美元/(1 856 900 美元/12 月) =

0.5 月,则由于工期拖延造成的工地管理费索赔为:(269. 251 美元/12 月) × (2 – 0.5)月 = 33 656.37 美元。

Hudson 公式由于它计算简单方便,所以在不少工程案例中使用,但它不符合赔偿实际损失原则。它是以承包商应完成计划工作量的开支为前提的,而实际情况不是这样,在停工状态下承包商的实际工地管理费开支会减少。它的应用前提:①报价中工地管理费的核算和分摊是科学的、合理的,符合实际。②工地管理费内含的费用项目都与工期有关,即它们都随工期的延长而直接上升。但实际上工地管理费中许多费用项目是一次性投入后分摊的,由于工期的延长,这些一次性投入并非与工期成正比同步增长。③承包商在停工状态下工地管理费的各项开支与正常施工状态下的开支相同。但在实际工程中上述 3 个前提都有问题,而且显然按照 Hudson 公式计算赔偿的费用过高。一般在实际应用中应考虑打一个适当的折扣。

**[案例 31]**

某工程由于业主原因使工程中断 4 个月,中断后尚有 3 800 万美元计划工程量未完成。国家公布的年通货膨胀率为 5%。对由于工期拖延和通货膨胀造成的费用损失承包商提出的索赔为:38 000 000 美元 × 5% × 4 月/12 月 = 633 333 美元。

这个计算方法又有问题。计算基数中不能包括利润等。如果由于业主原因,工程一直处于低效施工状态,造成工程拖延,则分析计算较为复杂。

**[案例 32]**

某争议合同实际直接费为 400 000 元,在争议合同执行期间,承包商同时完成的其他合同的直接费为 1 600 000 元,这个阶段总部管理费总额为 200 000 元。则单位直接费分摊到的管理费 = 200 000 元/(400 000 + 1 600 000)元 = 0.1 元/元,争议合同可分摊到的管理费 = 0.1 元/元 × 400 000 元 = 40 000 元。

这种分摊方法也有它的局限:①它适用于承包商在此期间承担的各工程项目的主要费用比例变化不大的情况,否则明显不合理,而且误差会很大。如材料费、设备费所占比重比较大的工程,分配的管理费比较多,则不反映实际情况。②如果工程受到干扰而延期,且合同期较长,在延期过程中又无其他工程可以替代,则该工程实际直接费较小,按这种分摊方式分摊到的管理费也较小,使承包商蒙受损失。

**[案例 33]**

某工程合同总价格 1 000 万元,由于工程变更使最终合同价达到 1 500 万元,则变更增加了 500 万元,超过了 15%。这里增加的 500 万元是按照原合同单价计算的。调整仅针对超过 15% 的部分,即:1 500 万 – 1 000 万 × (1 + 15%) = 350 万元,仅调整管理费中的固定费用。一般由于工作量的增加,固定费用分摊会减少,反之由于工作量的减少,固定费用的分摊会增加。所以当有效合同额增加时,应扣除部分管理费。经合同报价分析,350 万元增加的工程款中含固定费用约 62 万元,经合同双方磋商,扣减一定的数额。

**[案例 34]**

在某工程中,合同规定某种材料须从国外某地购得,由海运至工地,一切费用由承包商承担。现由于业主指令加速工程施工,经业主同意,该材料改海运为空运。对此,承包商提出费用索赔:原合同报价中的海运价格为 2. 61 美元/kg,现空运价格为 13. 54 美元/kg,该批材料共重

28.366 kg,则:费用索赔 = 18.366 kg × (13.54 − 2.61)美元/kg = 310 324.04 美元。在实际工程中,由于加速施工的实际费用支出的计算和核实都很困难,容易产生矛盾和争执。为了简化起见,合同双方在变更协议中核定一赶工费赔偿总额(包括赶工奖励),由承包商包干使用。

**[案例 35]**

某办公楼建设工程,首层为商店,开发商准备建成后出租,合同价为 482 144 英镑,合同价格中管理费为 12.5%,合同工期 18 个月。

(一)承包商的索赔要求在工程实施中出现如下情况,使工程施工拖延:

1. 开挖地下室时遇到了由于旧房遗留的基础引起的障碍。

2. 发现了一些古井,由一些考古专家考证它们的价值产生拖延。

3. 安装钢架过程中部分隔墙倒塌,同时为保护临近的建筑而造成延误。

4. 锅炉运输和安装的指定分包商违约。

5. 地下室钢结构施工的图纸和指令拖延等。在开约 7 个月后承包商提出了 12 周的工期拖延索赔,但业主不同意,并指示工程师不给予工期延误的批准。由于业主已经与房屋的租赁人签订了租赁合同,规定了房屋的交付日期,如果不能及时交付,业主要被罚款。业主直接写信给承包商要求承包商按原工期完成工程,否则将提起诉讼。对此工程师致函业主,指出由于上面所述干扰的发生,按合同规定承包商有延长工期的权力,如果责令承包商在原工期内完成工程,是没有理由的。必须考到承包商的合理要求。如果要承包商在原合同工期内完成工程,必须与他协商,商讨价格的补偿,并签订加速协商议。业主认可了工程师的建议,并授权工程师就此事进行商谈。

(二)双方商讨工程师与承包商及业主就工期拖延及加速的补偿问题进行商谈:

1. 承包商提出 12 周的工期延误索赔,经工程师的审核扣去承包商自己的风险及失误,给予延长工期 10 周的权力。

2. 对于 10 周的延长,承包商提出索赔为:发现古井,在考古人员调查期间工程受阻 2 515 英镑,地下室钢结构因工程师指令延误 4 878 英镑,与隔墙有关的工程和楼梯的延误等 5 286 英镑,由指定分包商引起的延误损失 5 286 英镑,合计 14 934 英镑工。程师经过审核,认为在该索赔计算中有不合理的部分,例如机械费中用机械台班费是不合理的,在停滞状态下应用折旧费计算,最终工程师确认索赔额为 11 289 英镑。

3. 业主要求:全部工程按原合同工期竣工,即加速 10 周;底楼商场比原合同工期再提前 4 周,即提前 14 周。在还剩的 9 个月的工期中达到上述加速目标。

4. 承包商重新作了计划,考虑到因加速所引起的加班时间,额外机械投入,分包商的额外费用,采取技术措施(如烘干措施)等所增加的费用,提出:底层商店提前 14 周费用 8 400 英镑,办公楼提前 10 周增加费用 12 000 英镑,考虑风险影响 600 英镑,合计 21 000 英镑。

5. 工程师指出由于工期压缩了 10 周,承包商可以节约管理费。按照合同管理费的份额,10 周共有管理费为:(482 144 英镑 × 12.5%)/(1 + 12.5%) ÷ 78 周 × 10 周 = 6 870 英镑,这笔节约应从索赔额中扣去。承包商提出工期延误及赶工所需要的补偿为:11 289 英镑 − 6 870 英镑 + 21 000 英镑 = 25 419 英镑,考虑到风险因素等共要求补偿 25 500 英镑。工程师向业主转达了承包商的要求,并分析了承包商要求的合理性以及索赔值计算的正确性,业主接受了承包商的要求。

6.双方商讨并签署了赶工附加协议,该协议主要包括如下内容:

(1)由于干扰事件的影响,承包商有权延长工期10周,并索赔相关费用,工程师已批准。业主希望全部工程按计划竣工,底层比计划提前4周,双方经商讨就赶工达成一致。

(2)业主支付赶工费25 000英镑,它已包括此前承包商提出的各种索赔。

(3)如果承包商不能按照业主的要求竣工,则赶工费中应扣除:

①全部工程竣工日期若在原合同竣工日期之后,承包商赔偿170英镑/日。

②底层部分工程若不能在原合同竣工日期前4周交付,承包商赔偿85英镑/日。但赶工费不应少于12 500英镑,这是对承包商的保护条款。

(4)赶工费的分批支付时间及数量(略)。

(5)赶工期间由于非承包商责任所引起的工期拖延的索赔权与原合同一致。

(三)案例分析:

1.本案例的分析过程和索赔的解决过程虽不十分详细,但思路是十分清楚的,也是经得住推敲的。解决问题的过程为:工期拖延的责任分析,损失的计算及赔偿,赶工的协商和赶工费,由赶工所产生的费用的节约的计算。

2.本案例涉及的赶工包括:业主责任(或风险)引起的拖延10周,业主希望工程比合同期提前交付的赶工(底层商场4周),承包商自己责任的赶工2周。在前两种情况下,施工合同(例如FIDIC)并没有赋予业主(工程师)直接指令承包商加速的权力。如果业主提出加速要求必须与承包商商讨,签订一个附加协议,重新议定一个补偿价格(赶工费)。而对承包商责任所造成的两周拖延的加速要求,承包商必须无条件执行。

3.由于工期压缩了10周,在承包商的索赔值中必须扣除了在这期间承包商"节约"的管理费。这是值得商榷,并应注意的。实质上与合同工期相比,压缩后的实际工期也刚好等于合同工期,所以与合同相比,承包商并没有"节约"。这种扣除只有在两种情况下是正确的:

(1)已有的工期拖延,承包商有工期索赔权,但没有费用索赔权,例如恶劣的气候条件造成的拖延,如果不加速,承包商必须支付这期间的工地管理费,而现在采取加速措施,这笔管理费确实"节约"了。

(2)已有的工期拖延为业主责任,承包商有费用索赔权,在费用索赔中已经包括了相关的管理费,承包商提出的14 934英镑的索赔中已包括了管理费。否则这种扣除会使承包人受到损失。

4.在本案例中加速协议是比较完备的,考虑到可能的各种情况,最低补偿额,赶工费的支付方式和期限,附加协议对原合同文件条款的修改等。在这里特别应注意赶工费的最低补偿额问题,这是对承包商的保护。因为承包商应业主要求(不是原合同责任)采取措施赶工可能会由于其他原因这种赶工没有效果,但作为业主应给予最低补偿。

5.在本案例中工程师的作用是值得称许的,从开始到最后一直向业主解释合同,分析承包商要求的合理性。对缓和矛盾,解决争执,实现业主目标发挥重要作用。

## [案例36]

在非洲某水电工程中,工程施工期不到3年,原合同价2 500万美元。由于种种原因,在合同实施中承包商提出许多索赔,总值达2 000万美元。监理工程师作出处理决定,认为总计补偿1 200万美元比较合理。业主愿意接受监理工程师的决定。但承包商不肯接受,要求补偿

1 800 万美元。由于双方达不成协议,承包商向国际商会提出仲裁要求。双方各聘请一名仲裁员,由他们指定首席仲裁员。本案仲裁前后经历近 3 年时间,相当于整个建设期,光仲裁费花去近 500 万美元。最终裁决为:业主给予承包商 1 200 万美元的补偿,即维持工程师的决定。经过国际仲裁,双方都受到很大损失。如果双方各做让步,通过协商,友好解决争执,则不仅花费少,而且麻烦少,信誉好。

### [案例 37]

为了说明反索赔中的一些基本问题,下面分析一个由于拖延和加速施工的费用索赔案例。

1. 工程概况

某大型商业中心大楼的建设工程,按照 FIDIC 合同模式进行招标和施工管理。中标合同价为 18 329 500 元人民币,工期 18 个月。工程内容包括场地平整、大楼土建施工、停车场、餐饮厅等。

2. 合同实施状况

在业主下达开工令以后,承包商按期开始施工。但在施工过程中,首先遇到如下问题:

①工程地基条件比业主提供的地质勘探报告差。

②施工条件受交通的干扰甚大。

③设计多次修改,监理工程师下达工程变更指令,导致工程量增加和工期拖延。为此,承包商先后提出 6 次工期索赔,累计要求延期 395 天。

此外,还提出了相关的费用索赔,申明将报送详细索赔款额计算书。对于承包商的索赔要求,业主和监理工程师的答复是:

①根据合同条件和实际调查结果,同意工期适当的延长,批准累计延期 128 天。

②业主不承担合同价以外的任何附加开支。

承包商对业主的上述答复极不满意,并提出了书面申辩,指出累计工期延长 128 天是不合理的,不符合实际的施工条件和合同条款。

承包商的 6 次工期索赔报告,包括了实际存在的并符合合同的诸多理由。要求监理工程师和业主对工期延长天数再次予以核查批准。

从施工的第二年开始,根据业主的反复要求,承包商采取了加速施工措施,以便商业中心大楼早日建成。这些加速施工的措施,监理工程师是同意的,如由一班作业改为两班作业,节假日加班施工,增加了一些施工设备等。就此,承包商向业主提出加速施工的费用赔偿要求。

3. 承包商的索赔

要求监理工程师和业主对承包商的反驳函件进行了多次研究,在工程快结束时做出答复:

(1)最终批准工期延长为 176 天。

(2)如果发生计划外附加开支,同意支付直接费和管理费,待索赔报告正式送出后核定。最终批准的工期延长的天数就是工程建成时实际发生的拖期天数。工期原定为 18 个月(547 个日历天数),而实际竣工工期为 723 天,即实际延期 176 天。业主在这里承认了工程拖期的合理性,免除了承包商承担误期损害赔偿费的责任,虽然不再多给承包商更多的延期天数,承包商也感到满意。同时业主允诺支付由此而产生的附加费用(直接费和管理费)补偿,说明业主已基本认可承包商的索赔要求。在工程即将竣工时,承包商送来了索赔报告书,其索赔费用的组成如下:

①加速施工期间的生产效率降低损失费 659 191 元。

②加速并延长施工期的管理费 121 350 元。

③人工费调价增支 23 485 元。

④材料费调价增支 59 850 元。

⑤设备租赁费 65 780 元。

⑥分包装修增支 187 550 元。

⑦增加投资贷款利息 152 380 元。

⑧履约保函延期增支 52 830 元,以上共计 1 322 416 元。

⑨利润(8.5%)112 405 元。

索赔款总计 1 434 821 元,对于上述索赔额,承包商在索赔报告书中进行了逐项的分析计算,主要内容如下:

①劳动生产率降低引起的附加开支。

承包商根据自己的施工记录,证明在业主正式通知采取加速措施以前,他的工人的劳动生产率可以达到投标文件所列的生产效率。但当采取加速措施以后,由于进行两班作业,夜班工作效率下降;由于改变了某些部位的施工顺序,工效亦降低。在开始加速施工以后,直到建成工程项目,承包商的施工记录总用技工 20 237 个工日,普工 38 623 个工日。但根据投标书中的工日定额,完成同样的工作所需技工为 10 820 个工日,普工 21 760 个工日。这样,多用的工日系由于加速施工形成的生产率降低,增加了承包商的开支,即技工普工实际用工为(A)2 023 738 623,按合同文件用工为(B)1 082 021 760,多用工日(C = A - B)为 941 716 863,每工日平均工资(元/工)为(D)31.5,增支工资款(元)(E = C × D)为 29 664 081 184.5,共计增支工资(元)为 659 191。

②延期施工管理费增支。

根据投标书及中标协议书,在中标合同价 18 329 500 元中包含施工现场管理费及总部管理费 1 270 134 元。按原定工期 18 个月(547 个日历天数)计,每日平均管理费为 2 322 元。在原定工期 547 d 的前提下,业主批准承包商采取加速措施,并准予延长工期 176 d 天,以完成全部工程。在延长施工的 176 d 内,承包商应得管理费款额为 2 322 元/d × 176 元 = 408 672 元。但是,在工期延长期间,承包商实施业主的工程变更指令,所完成的工程款中已包含了管理费 287 322 元(可以按比例反算工程变更增加工程费为 414 万人民币,相当于正常 4 个月工作量)。为了避免管理费的重复计算,承包商应得的管理费为 408 672 元 - 287 322 元 = 121 350 元。

③人工费调价增支。

根据人工费增长的统计,在后半年施工期间工人工资增长 3.2%,按规定进行人工费调整,故应调增人工费。本工程实际施工期为两年,其中包括原定工期 18 个月(547 天),以及批准工期延长 176 d。在两年的施工过程中,第一年系按合同正常施工,第二年系加速施工期。在加速施工的 1 年里,按规定在其后半年进行人工费调整(增加 3.2%),故应对加速施工期(1 年)的人工费的 50% 进行调增,即技工:(20 237 元 × 31.5)/2 × 3.2% = 10 199 元,普工:(38 623 元 × 21.5)/2 × 3.2% = 13 286 元,共调增 23 485 元。

④材料费调价增支。

根据材料价格上调的幅度,对施工期第二年内采购的三材(钢材、木材、水泥)及其他建筑材料进行调价,上调 5.5%。由统计计算结果,第二年度内使用的材料总价为 1 088 182 元,故应调增材料费:1 088 182 元 × 5.5% = 59 850 元。

⑤机械租赁费 65 780 元,系按租赁单据上款额列入。

⑥分包商装修工作增支。

根据装修分包商的索赔报告,其人工费、材料费、管理费以及合同规定的利润索赔总计为 187 550 元。分包商的索赔费如数列入总承包商的索赔款总额以内,在业主核准并付款后悉数付给分包商。

⑦增加投资贷款利息。

由于采取加速施工措施,并延期施工工期,承包商不得不增加其资金投入。这批增加的投资,无论是承包商从银行贷款,或是由其总部拨款,都应从业主方面取得利息款的补偿,其利率按当时的银行贷款利率计算,计息期为 1 年,即总贷款额:1 792 700 元 × 8.5% = 152 380 元。

⑧履约保函延期开支。

根据银行担保协议书规定的利率及延期天数计算,为 52 830 元。

⑨利润。

按加速施工期及延期施工期内,承包商的直接费、间接费等项附加开支的总值,乘以合同中原定的利润率(8.5%)计算,即 1 322 416 元 × 8.5% = 112 405 元。

以上 9 项,总计索赔款额为 1 434 821 元,相当于原合同价的 7.8%,这就是由于加速施工及工期延长所增加的建设费用。

**4. 解决结果**

此索赔报告所列各项新增费用,由于在计算过程中承包商与监理工程师几经讨论,所以顺利地通过了监理工程师的核准。又由于监理工程师事先与业主充分协商,因而使承包商比较顺利地从业主方面取得了拨款。

**5. 案例分析**

本案例包括工期拖延和加速施工索赔,在索赔的提出和处理上有一定的代表性。虽然该索赔经过工程师和业主的讨论,顺利通过核准,并取得了拨款,但在处理该项索赔要求(即反驳该索赔报告时)尚有如下问题值得注意:

(1)承包商是按照一揽子方法提出的索赔报告,而且没有细分各干扰事件的分析和计算。工程师反索赔应要求承包商将各干扰事件的工期索赔、工期拖延引起的各项费用索赔、加速施工所产生的各项费用索赔分开来分析和计算,否则容易出现计算错误。在本案例中业主基本上赔偿了承包商的全部实际损失,而且许多计算明显不合理。

(2)在施工第一年承包商共提出 6 次工期索赔共 395 天,而业主仅批准了 128 天。这在工期索赔中是常见的现象,承包商提交了几份工期索赔报告,其累计量远大于实际拖延,这里面可能有如下原因:

①承包商扩大了索赔值计算,多估冒算。

②各干扰事件的工期影响之间有较大的重叠。例如本案例中地质条件复杂、交通受到干扰、设计修改之间可能有重叠的影响。

③干扰事件的持续时间和实际总工期拖延之间常常不一致。例如实际工程中常常有如下情况:交通中断影响 8 h,但并不一定现场完全停工 8 h;由于设计修改或图纸拖延造成现场停

工,但由于承包商重新安排劳动力和设备使当月完成工程量并未减少;业主拖延工程款两个月,承包商有权停工,但实际上承包商未采取停工措施等。

在这里要综合分析,注重现场的实际效果。对承包商提出的 6 次工期索赔,工程师应作详细分析,分解出:

①业主责任造成的。例如地质条件变化、设计修改、图纸拖延等,则工期和费用都应补偿。

②其他原因造成的。例如恶劣的气候条件,工期可以顺延,但费用不予补偿。

③承包商责任以及应由承包商承担的风险。如正常的阴雨天气、承包商施工组织失误、拖延开工等。

对承包商提出的交通干扰所引起的工期索赔,要分析:如果在投标后由于交通法规变化,或当地新的交通管理规章颁布,则属于一个有经验的承包商不能预见的情况,应归入业主责任;如果当地交通状况一直如此,规章没有变化,则应属于承包商环境调查的责任。

通常情况下,上述几类在工程中都会存在,不会仅仅是业主责任。这种分析在本案例中对工期相关费用索赔的反驳,对确定加速所赶回工期数量(按本案例的索赔报告无法确定)以及加速费用计算极为重要。由于这个关键问题未说明,所以在本案例中对费用索赔的计算很难达到科学和合理。

(3)劳动生产率降低的计算。业主赔偿了承包商在施工现场的所有实际人工费损失。这只有在承包商没有任何责任,以及没发生合同规定的任何承包商风险状况下才成立。如果存在气候原因和承包商应承担的风险原因造成工期拖延,则相应的人工工日应在总额中扣除。而且:

①工程师应分析承包商报价中劳动效率(即合同文件用工量)的科学性。承包商在投标书中可能有投标策略。如果投标文件用工量较少(即在保持总人工费不变的情况下,减少用工量,提高劳动力单价),则按这种方法计算会造成业主损失。对此可以对比定额,或本项目参加投标的其他承包商的标书所用的劳动效率。

②合同文件用工应包括工程变更(约 414 万人民币工程量)中已经在工程价款中支付给承包商的人工费,应该扣除这部分的人工费。

③实际用工中应扣除业主点工计酬,承包商责任和风险造成的窝工损失(如阴雨天气)。

④从总体上看,第二年加速施工,实际用工比合同用工增加了近一倍。承包商报出的数量太大。这个数值是本索赔报告中最大的一项,应作重点分析。

(4)工期拖延相关的施工管理费计算。对拖延 176 天的管理费,使用了 Hudson 公式,不太合理,应按报价分摊到每天的管理费,打个适当的折扣。这要作报价分析。如果开办费独立立项,则这个折扣可大一点。但又应考虑到由于加速施工增加了劳动力和设备的投入,在一定程度上又会加大施工管理费的开支。

(5)人工费和材料费涨价的调整。

①由于本工程合同允许调整,则这个调整最好放在工程款结算中调整较为适宜。如果工程合同不允许价格调整,即固定价格合同,则由于工期拖延和物价上涨的费用索赔在工期拖延相关费用索赔中提出较好。

②如果建筑材料价格上涨 5.5% 是基准期到第二年年底的上涨幅度,或年上涨幅度(对固定价格合同),则由于在工程中材料是被均衡使用的,所以按公式只能算一半,即:1 088 182 元 ×

5.5% ×0.5 = 29 925 元。

（6）贷款利息的计算。计算利息的公式是假设在第二年初就投入了全部资金的情况,显然不太符合实际。利息的计算一般是以承包商工程的负现金流量作为计算依据。如果按照承包商在本案例中提出的公式计算,通常也只能算一半。

（7）利润的计算。

①由于图纸拖延、交通干扰等造成的拖延所引起的费用索赔一般是不能计算利润的。

②人工费和材料费的调价也不能计算利润。一般情况下本案是不能索赔利润的。

## [案例38]

某小型水坝工程,系均质土坝,下游设滤水坝址,土方填筑量 876 150 m³,沙砾石滤料 78 500 m³,中标合同价 7 369 920 美元,工期 1 年半。

在投标报价书中,工程净直接费（人工费、材料费、机械费以及施工开办费等）以外,另加 12% 的工地管理费,构成工程工地总成本;另列 8% 的总部管理费及利润。

在投标报价书中,大坝土方的单价为 4.5 美元/m³,运距为 750 m;沙砾石滤料的单价为 5.5 美元/m³,运距为 1 700 m。

开始施工后,咨询工程师先后发出 14 个变更指令,其中两个指令涉及工程量的大幅度增加,而且土料和沙砾料的运输距离亦有所增加。承包商认为,这两项增加工程量的数量都比较大,土料增加了原土方量的 5%,沙砾石料增加了约 16%;而且,运输距离相应增加了 100% 及 29%。因此,承包商要求按新单价计算新增加的工程量的价格,并提出了工期索赔。

在接到承包商的上述索赔要求后,咨询工程师逐项地分析核算,并根据承包合同条款的有关规定,对承包商的索赔要求提出以下审核意见:

（1）鉴于工程量的增加,以及一些不属于承包商责任的工期延误,经按实际工程记录核定,同意给承包商延长工期 3 个月。

（2）报价总体分析:工程承包施工合同额 7 369 920 美元,其中总部管理费及利润:

7 369 920 美元 ×[8/(100 +8)] = 545 920 美元

工地现场管理费为:

(7 369 920 美元 – 545 920 美元) ×[12/(100 + 12)] = 731 143 美元

则每月工地现场管理费为:

731 143 美元 ÷18 = 40 619 美元

（3）对新增的土方 40 250 m³,进行具体的单价分析。

①新增土方开挖费用:

按照施工方案,用 1 m³ 正铲挖掘机装车,每小时 60 m³,每小时机械及人工费 28 美元,则挖掘单价为 28 美元/60 m³ = 0.47 美元/m³。

②新增土方运输费用:

用 6 t 卡车运输,每次运 4 m³ 土,每小时运送两趟,运输设备费用每小时 25 美元,运输单价为 25 美元/(4 ×2)m³ = 3.13 美元/m³。

③新增土方的挖掘、装载和运输直接费单价为:0.47 美元/m³ + 3.13 美元/m³ = 3.60 美元/m³。

④新增土方单价:

直接费单价 3.60 美元；

增加 12% 现场管理费 0.43 美元；

工地总成本(3.60 + 0.43)4.03 美元；

增加 8% 总部管理费及利润 0.32 美元；

合计(4.03 + 0.32)4.35 美元。

故新增土方单价应为 4.35 美元/m³,而不是承包商所报的 4.75 美元/m³。

⑤新增土方补偿款额：

40 250 m³ × 4.35 美元/m³ = 175 088 美元

而不是承包商所报的 191 188 美元。

(4)对新增沙砾料 12 500 m³ 进行单价分析。分析过程同上,分析结果为：

①开挖及装载费用为 0.62 美元/m³。

②运输费用为 3.91 美元/m³。

③单价分析：

直接费 4.53 美元；

增加 12% 现场管理费 0.54 美元；

工地总成本为 4.53 美元 + 0.54 美元 = 5.07 美元；

增加 8% 总部管理费及利润 0.41 美元；

则新增沙砾料单价为 5.48 美元/m³。

④新增沙砾料补偿款额：

12 500 m³ × 5.48 美元/m³ = 68 500 美元

而不是承包商所报的 78 125 美元。

(5)关于工期延长的现场管理费补偿。

工程师批准了工期拖延 3 个月,按原合同所确定的进度为 409 440 美元/月,则新增工作量相当于正常的合同工期：

(175 088 + 68 500)美元/409 440 美元/月 = 0.6 个月

则 0.6 个月的现场管理费已在新增工作量价格中获得,而另有 2.4 个月的现场管理费必须另外计算。承包商所计算的合同中现场管理费总额是 731 143 美元,则业主应补偿承包商的现场管理费为：

731 143 美元 × (3 - 0.6)月/18 月 = 97 486 美元

当然按照对 HUDSON 公式的分析,这样计算不太合理,可以打个折扣。

(6)同意支付给承包商的索赔款：

①坝体土方 175 088 美元。

②沙砾石滤料 68 500 美元。

③现场管理费 97 486 美元。

总计 341 074 美元。

**案例分析：**

在本案例中体现了费用索赔计算的两个原则,即实际损失原则和合同原则之间的差异：

(1)应该看到承包商提出的新单价是符合合同的,即在土方报价中将运输费按运输距离提高,而其他费用(如挖方、装卸等)不变,以确定新增加的工程量的单价。因为运输距离增加,工程性质没有变化,所以应在合同价格基础上作调整,其结果新价格必然比原价格高。这种计算体现了索赔值计算的合同原则,即合同报价作为计算依据。但费用索赔还有赔偿实际损失原则,即按照承包商实际的直接损失和间接损失计算索赔值。这两者常常会不一致。

(2)工程师按照实际劳动效率(也可以用定额的,或代表社会平均的劳动效率),确定新增加工程量的单价,这完全符合赔偿实际损失原则。笔者曾经在某国际工程中看到工程师派人到现场直接测量劳动效率。在本案例中,经过工程师实测所确定的新增工作量的单价低于合同单价,而新增工程量的工作内容(运输距离)增加了许多,这是与合同单价相矛盾的。这里面可能有如下问题:

①承包商报价过高,或报价中存在不平衡因素,即一般土方为前期工程,而且承包商投标时估计工程量会有所增加,所以报高价,而工程师用现场实测劳动效率对付承包商,以剔除其中不合理的因素,这是无可非议的。

②承包商劳动效率提高。

a.选用更先进、合理的设备和施工方案。

b.施工过程十分顺利,投标时考虑的气候风险、地质风险、运输道路风险没有发生。

c.按照学习规律,随着工作量的增加,劳动效率会逐渐提高。

③工程师量测劳动效率的方法和选点不合理。通常在工程变更令下达之后一段时间工程师派人到现场量测工作效率,如用马表测量挖掘机每小时挖多少下,每次挖掘多少立方米,运输卡车何时上路、何时到达卸车地点等。这样确定的是正常施工状态(或高峰期)的施工效率。用它确定价格是很不合理的。因为对于一个工程分项,承包商的施工效率一般经历如下过程 A→B→C 3 个阶段:

A 开始阶段,由于各种准备工作,工人不熟练,组织摩擦大,设备之间未达到最佳配合等原因,效率很低;B 正常施工阶段,随着工程的进展,劳动效率逐渐提高,达到平衡状态;C 工程结束前,扫尾工作比较零碎,需要整理,如坝体平整、做坡,结束前必然存在的组织涣散等,引起低效率。

实践证明,即使在一天内一个小组的劳动效率也符合这个曲线。

在这种情况下,承包商有理提出,不能按高效率状态作为计算依据,应该考虑采用平均效率。而且本案例中,变换施工场地会造成劳动效率损失。

当然工程师的处理也有他的理由:原工程范围中,承包商报价已考虑到开始和结束的低效率损失,则业主已在原合同价格中支付给承包商。现在工程量增加,运距增加,是处于施工高效率段的增加,完全符合赔偿实际损失原则。